헤어 컬러링

Hair coloring

김수진

- 서경대학교 대학원 미용경영학 석사
- SB 미용전문학원 원장
- 삼육보건대학, 서정대학교 외래교수
- 저서 : 미용사 일반 필기, 네일 미용사 필기(아티오), 임상헤어(훈민사), 응용커트, 속눈썹 미용사(서우 출판사) 외 다수
- 미용 기능장, SB 국제미용대회 주최이사
- 서울전문학교 미용예술학과 학과장

이정선

- 남부대학교 일반대학원 향장미용학 박사 졸업
- 을지대학교 평생교육원 미용학 전공 책임교수
- 지방기능경기위원회 피부미용직종 심사위원
- 국가기술자격검정 심사위원
- (사)대한 아토피협회 교육위원
- 남부대학교 교육대학원 교육학 석사 졸업
- 국제 T&C 대표
- (사)한국메이크업전문가직업교류협회 피부부문 심사장
- 대한피부미용사 중앙회 심사위원
- (사)한국메이크업전문가 직업교류협회 교육이사

홍미라

- 원광대학교 대학원 뷰티디자인학과 박사 수료
- 산업인력관리공단 심사위원
- 한성대학교 뷰티디자인학과 / 초빙교원
- 용인대학교 뷰티케어학과 / 초빙교원 역임
- 신안산대학교, 강남대학교, 연성대학교, 명지전문대학교, 수원여자대학교 / 외래교수
- 저서 : 퍼머넌트 웨이브, 기초헤어 실습서, 응용헤어 실습서
- 한성대학교 대학원 뷰티예술학과 석사 졸업
- 글로벌 뷰티 디자인 학회 이사
- 서경대학교 미용예술학과 / 겸임교원 역임

헤어컬러링

2020년 1월 5일 초판 인쇄
2020년 1월 10일 초판 발행

펴낸이	김정철
펴낸곳	아티오
지은이	김수진, 이정선, 홍미라
표 지	KBiL
편 집	이효정
전 화	031-983-4092
팩 스	031-983-4093
등 록	2013년 2월 22일
정 가	24,000원
주 소	경기도 김포한강11로 322 더파크뷰테라스 551호
홈페이지	http://www.atio.co.kr

* 아티오는 Art Studio의 줄임말로 혼을 깃들인 예술적인 감각으로 도서를 만들어 독자에게 최상의 지식을 전달해 드리고자 하는 마음을 담고 있습니다.

미용에서 헤어컬러는 무명의 옷에 색을 입히는 것과 같은 작업입니다. 모발에 다양한 색상을 표현하여 외모를 보다 아름답게 만들어 기본적인 미에 대한 욕구를 충족시키고 나아가 만족에 의한 삶의 질을 향상시키는데 일조할 수 있는 부분으로 자리를 잡게 되었습니다. 미용인의 한 사람으로 헤어컬러에 대한 지식을 익히고 그 지식을 바탕으로 기능을 습득하여 보다 많은 사람들에게 외모의 변화로 인한 작은 행복을 전할 수 있는 미용인이 많았으면 하는 바람으로 본서를 쓰게 되었습니다.

현대미용에서의 헤어컬러가 미용의 한 분야로 자리매김하고 있는 이때에 헤어컬러에 대한 높은 관심과 비중을 감안하여 기본적인 이론을 바탕으로 직접적인 실습까지 이루어질 수 있도록 교재를 구성하였습니다.

헤어컬러의 변화는 새치머리에 대한 스트레스를 없애주는 것에서부터 탈색으로 인한 다양한 색상의 선택과 자연스러운 미의 표현, 보다 개성적인 미의 표현까지 광범위한 부분에서 우리의 삶에 자리 잡고 있습니다. 전문 미용인으로서 사람들의 개별적인 욕구를 충족시키고 자부심을 갖게 하는 기능을 익히기 바라는 마음에서 보다 섬세한 교재 작업이 되도록 노력을 담아 보았습니다.

헤어컬러링의 교재 출간을 위해 헤어컬러 관련 사진 제공을 도와주신 많은 분들과 아티오 출판사 사장님 및 팀원님들께도 깊은 감사의 말씀을 전합니다.

미용장　김 수 진

차례

PART 2
실기편
(베이직(기본) 컬러)

차례

PART

1

이론편

Chapter 1

컬러의 역사

<< 고대 시대 (B.C. 3200년~3세기)

❶ 이집트(기원전 3200년경)

이집트는 미용의 발상지였던 만큼 미용 역사에 있어 중요한 역할을 담당한다. 나일강 주변 지역을 중심으로 헤나를 이용하여 모발이나 수염을 염색하였다. 백모 염색을 위해서는 노간주나무 수액과 헤나가 사용되었고, 동물의 피나 지방을 이용하여 가발을 염색해서 사용했다. 종교 의식 또는 더운 기후로 인해 남녀 구분 없이 가발을 착용하였으며 가발의 형태, 재료, 색상에 따라 신분이 구별되었다. 가발의 경우는 주로 검정색이 많았으며, 강한 원색 의복의 사용으로 푸른색이나 붉은색의 염색도 하게 되었다.

모발 염색에는 헤나 이외에도 새끼 사슴의 뿔을 기름에 태우거나 개의 담즙, 고양이의 자궁과 새의 알을 기름에 태운 것, 올챙이를 말려 빻은 후에 기름에 갠 것 등이 사용되었다고 전해지며, 눈썹 염색을 위해서는 아편, 당나귀의 간을 기름에 익힌 것 등을 만들어 사용했다고 전해진다. 또한 식물의 유액에서 염료를 만들어 의복은 물론 가발에도 사용하였다. 백색, 적색, 황색, 청색, 녹색 등이 사용되었다.

❷ 그리스(기원전 3000년~400년)

그리스 시대는 신을 동경한 금발이 여성들에게 유행하였고 자연적 미를 추구했다. 남녀 모두 긴 머리를 하였으며 헤어밴드와 모자를 착용하였다. 스파르타 여성은 머리 모양에 무관심 했으나, 아테네 여인들은 굵은 웨이브, 땋은 머리, 향유를 머리에 바르고 금발을 선호해 염색과 탈색을 하거나 금발 가발을 착용하였다. 금발을 하는 방법으로는 탈색이 되는 연고를 만들어 머리에 바른 다음 햇볕에 오랜 시간 방치하여 자연 탈색 효과를 보았다. 또한 잿물을 이용하여 탈색한 후 노란 꽃을 이용해 황금색으로 착색시켰으며, 오일을 사용하여 윤기를 부여하기도 하였다.

❸ 로마(기원전 800년~300년)

로마 시대의 문명은 그리스, 헬레니즘, 이집트, 에투루리아 문명이 흡수된 실용적 가치를 존중

한 문화로, 그리스트교를 유럽 문명의 정신적인 질서로 확립하는 데 기여하였다. 기원전 4세기 로마에는 톤서(Tonsor)라는 이발사가 있어 머리카락을 자르고 수염을 다듬거나 면도를 하고 염색, 제모, 손발톱을 다듬는 역할을 하였다.

납이 공기 중에 산화되면 어두운 색상이 되는 성질을 이용하여 납을 머리카락에 발라 빗질을 한 후 방치하는 염색을 하였다. 무력으로 정복한 나라 백성들의 금발머리를 깎아 가발로 만들어 사용하기도 하였으며 너도밤나무의 재를 염소기름에 섞어 발랐다. 유향나무 기름에 식초 앙금을 섞어 머리에 물들여 탈색시켜 금발에 가까운 색상을 연출하기도 하였다. 로마 시대의 묘지에서는 머리에 필요한 로션, 털을 뽑는 기구, 머리를 검게 물들이는 여러 재료들이 발견되었다.

《 중세 시대(4~15세기)

중세 시대는 종교적 영향으로 지나친 미의 경계가 있었던 만큼 어두운 색의 염색을 위해 안티모니 광석이나 인디고, 헤나 등의 식물성 잎을 갈아 뜨거운 물과 오일, 향신료와 배합한 팩을 만들어서 모발에 바른 후 뜨거운 태양 아래에서 염색을 하였다.

❶ 비잔틴 시대(4~10세기)

비잔틴 문화는 그리스와 로마 문화를 바탕으로 오리엔트, 마호메트의 영향을 받았고 기독교 문화를 계승하여 서양 문명을 발전시켰다. 비잔틴 문화는 동방 문화와의 교류를 통해 동유럽 문명권의 형성에 중요한 역할을 담당하였다. 비잔틴 시대에서는 머리에 두르는 터번과 베일의 사용으로 인해 머리모양이 잘 나타나지 않았으나, 머리카락을 늘어뜨리거나 양쪽으로 길게 땋는 머리 형태가 주를 이루었으며 검은색으로 물들였다.

❷ 로마네스크 시대(11~13세기)

로마네스크 시대는 기독교의 영향으로 순결, 청빈, 순종을 중시하였으며 신체 노출을 꺼린 만큼 미에 특별함이 없었다. 11세기 십자군 전쟁으로 동방과 접촉하여 동방 문화의 영향을 받았으며, 종교적 관습에 의해 머리 전체를 덮은 머리쓰개를 썼다.

❸ 고딕 시대(14~15세기)

십자군 전쟁으로 인한 동양과의 접촉으로 새로운 물품의 수입과 도시의 부흥, 화폐 경제로 인한 부의 증가는 풍족함과 함께 계급 사회의 혼란을 야기했다. 신체 노출은 꺼렸으나 높은 모자, 화려하게 장식된 관, 머리띠가 있었으며 머리색은 검은색과 금발로 염색하였다. 금발 머리는 귀족임을 나타내는 정도에 따라 금빛 머리, 담황색 머리, 잿빛 금발머리가 있었으며 금색의 정도가 달랐다.

« 근세 시대(16~18세기)

❶ 르네상스 시대(16세기)

르네상스는 재생이라는 의미로 그리스나 로마 문화의 부활을 의미한다. 인간 중심 문화와 개성을 목표로 하며 여성의 머리색은 황금색이나 적색이었고, 청색은 하류 계급에 이용되었다. 중세 시대의 어두움을 벗어나 다시 금발이 유행하면서 모발에 알칼리성 용액을 바르고 모발을 탈색시켰다. 이때 알칼리성 용액은 부식성이 있는 용액이었으며, 머리 부분이 뚫려있는 챙 넓은 모자에 모발을 펴서 3~4시간 방치하였다. 베네치아풍의 금발 색조이면서 엘리자베스 1세 시대의 머리 색상이기도 하다. 모발과 수염의 색을 30분 만에 밤나무 색으로 염색하는 법이 지도되었던 것으로 보아 염색의 일반화가 되어 있었음을 알 수 있다. 은이 염색에 사용되기도 하였는데 이는 은이 산화에 의해 검게 되는 원리를 이용한 것이었다.

❷ 바로크 시대(17세기)

남성은 초기에는 짧은 머리였으나 이후 대형 가발을 착용하면서 머리카락에는 갈색, 연두색, 회색 가루분을 뿌렸다. 가발의 경우 선호된 것은 밝은 갈색이었다. 여성은 의상과 머리를 중시하였는데 귀부인들의 경우 전용 미용사를 두었으며, 17세기 초 머리를 높이 빗어 올려 보석으로 장식하고 좋아하는 색의 머리 분을 발랐다. 이후 플랫칼라가 등장하면서 높은 머리가 차츰 없어지고 자연스러운 컬로 늘어뜨리는 머리를 하였다.

❸ 로코코 시대(18세기)

남성들은 높이가 낮은 묶은 형태의 가발을 사용하였고, 남녀노소 여러 가지 색상의 밀가루를 머리에 뿌렸는데 가장 많이 사용된 색은 흰색이었다. 로코코 시대는 지나치게 모발의 풍성함이 강조된 시대로, 머리모양이 거대해지고 마리 앙투아네트 시대에는 극한점에 달할 정도의 기교와 높이가 발달되었다. 머리색의 분은 의상 색과 조화가 고려되었으며 백색, 회색, 밝은 황금색 등이 사용되었다. 가발에 각종 분을 뿌려 모발에 착색시켰으며 포마드로 고정하였다.

화학염모제의 개발로 인해 모발 염색이 본격화되기 시작했다. 과산화수소가 소독 작용뿐 아니라 탈색 작용이 있다는 것을 1818년 외과의사 자크 테나르에 의해 발견되면서 탈색제로 쓰이기 시작하였다. 1863년 호프만에 의해 모발 염색제 주성분인 PPD(파라페닐렌 디아민)이 발견되었으며, 1883년 프랑스 기업인 모네사는 염모제의 허가를 받았다.

❶ 엠파이어 시대

프랑스 시민 혁명과 나폴레옹의 등장, 영국의 산업혁명 등으로 인해 민주주의 체제가 마련되는 시기로 고전의 모방과 재현이 나타났다. 짧은 머리를 긴 머리로 연출하기 위한 가발이 사용되었고 머리 염색을 하였다. 여러 색의 머리 분을 발랐는데 옅은 핑크가 가장 유행되었으며 회색, 청색, 보라색도 사용되었다.

❷ 로맨틱 시대

머리 형태는 고전적 형태가 사라지고 머리 양옆과 위에 가발을 붙여서 커다랗게 결발한 스타일이 유행하였다. 챙 넓은 모자, 터번도 유행하였다.

❸ 크리놀린 시대

크리놀린(1850~1870년대)은 스커트 속에 입는 속치마를 뜻하는 것으로 스커트를 부풀리기 위해 사용되었다. 1860년대 왕비의 머리색인 붉은 갈색을 만들기 위해 일반 여성들은 염색약과 탈색제를 사용하였다. 1863년 독일의 호프만은 PPD(파라페닐렌 디아민)의 산화에 의한 발색을 발견하였으며, 이는 동물 섬유 염색에 사용되었다.

❹ 버슬 시대

버슬 스타일이란 스커트의 뒷부분을 부풀게 하기 위해 버슬(허리받이)을 넣어 불룩하게 한 스타일이다. 헤어스타일의 경우는 퐁파드루형, 시뇽 스타일이 유행하였으며, 1883년 PPD(파라페닐렌 디아민)로 모발 염색이 시도되었는데 현대 염색의 시초라고 할 수 있다. 남성들은 머리를 짧게 하였으며, 콧수염과 턱수염을 길러 염색을 하거나 왁스를 발라서 손질하였다.

현대에는 금발, 백발, 짙은 색 등 다양한 색이 유행하였다. 1920년 이전 인조 합성염모제는 흰머리를 커버하는 용도로 사용되었다. 1907년 프랑스의 유젠슈엘르라는 화학자가 모발을 위한 합성염모제를 개발하였고, 1925년 산화염료를 주원료로 하는 염색약들이 개발되기 시작하여 다양한 색상의 산화염모제와 산성컬러제가 사용되었다. 1931년 미국 여성의 75%가 염색을 하였으며 핑크빛 오렌지가 인기를 끌었다. 1936년 크림 타입 염모제의 출시로 다양한 염모제 컬러와 테크닉이 개발되었다. 1940년 브리치와 일시적 염모제가 일반적으로 사용되었으며, 1955년 흰머리 커버가 우수한 염색약이 출시되었다. 1980년 보색, 하이라이트 테크닉이 활용된 염색이 이루어졌으며 점차 대중적이 되었다.

새로운 시대의 급변하는 시대로, 개성을 강조한 다양한 기법의 염색이 이용되고 있다. 염모제 컬러는 물론 작용 시간에 따른 염모제 종류와 탈색제 및 다양한 염모제와 산성 염모제 제품이 이용되어 패션의 한 형태가 되었다.

★우리나라의 컬러 역사

• 우리나라의 경우 고려 시대부터 두발 염색을 하였으며 모발의 색상은 검정색이었다. 그러나 이후에는 별다른 기록을 찾아볼 수 없으며, 1900년 이후부터는 외세의 영향으로 점차 현대적인 염색이 되었을 것으로 추정할 수 있다.

Chapter 2

모발의 생리

1. 모발의 구조

모발과 염모제(헤어컬러제)의 원리 및 제품의 특성을 파악하여 모발에 염색을 하게 되는데 이때 모발에 대한 지식이 없다면 모발 손상은 물론 원하는 헤어컬러의 표현이 어렵게 된다. 따라서 염색에 있어서 모발의 구조를 파악하는 것은 중요하다.

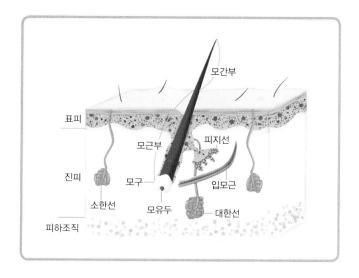

« 모발과 모낭

모발은 각질층의 변형이며, 모낭은 모발을 감싸고 있는 주머니이다. 모발은 크게 모근부와 모간부로 구분되는데 모근부는 모발이 피부 속에 묻혀 있는 부분이고, 모간부는 피부밖에 나와 있는 부분을 말한다. 모발 염색에 있어서 염색이 이루어지는 부분은 모간부이다. 모낭(Hair follicles)은 모근을 싸고 있는 내외층의 피막으로, 모근쪽의 모유두(Sapilla)를 통해 모발 세포 생성에 필요한 영양분을 공급받는다. 모낭에는 피지선(Sebaceous gland)과 한선(Sudoriferous gland)이 연결되어 있다. 피지선에서는 피지를 분비하고, 한선은 땀을 분비한다. 피지와 땀의 경우 피부와 모발 표면에 분비하게 된다.

가장 바깥 부분의 모표피, 중간 부분의 모피질, 가장 안쪽의 모수질로 나누어 살펴볼 수 있다.

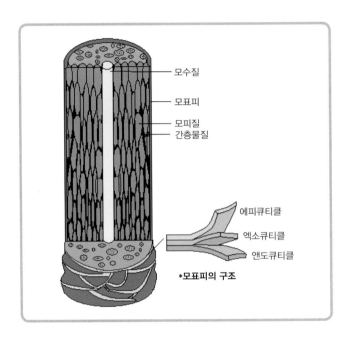

❶ 모표피(Hair cuticle)

모발의 가장 바깥 부분으로 외부의 영향으로부터 모발을 보호하고 내부 수분 증발을 막는 역할을 한다. 케라틴 단백질로 구성되어 있으며, 5~15개의 층으로 겹쳐져 있다. 투명하고 얇은 세포가 물고기의 비늘처럼 겹쳐져 있어 20%만 밖으로 보여지고 80%는 겹쳐져 있어 보이지 않는다. 드라이, 샴푸 등의 물리적 자극에 쉽게 손상되는데 한번 손상된 모표피는 스스로 재생이 어렵다. 모표피는 3개의 층으로 다시 나눌 수 있는데 가장 바깥을 에피 큐티클(Epicuticle), 중간 부분을 엑소큐티클(Exocuetcle), 가장 안쪽인 모피질과 인접해 있는 부분을 엔도큐티클(Endocuticle)이라고 한다.

모표피층은 바깥층의 친유성으로 물에 대한 저항성이 크고 화학적인 저항성도 커서 염모제의 도표 시 팽윤과 연화로 저항성을 약화시키게 된다.

❷ 모피질(Hair cortex)

모발의 중간 부분으로 모발의 85~90%를 차지한다. 모발 색을 결정하는 멜라닌 색소가 피질 세포에 있으며, 피질 세포 간에는 간충 물질이 있고 모발의 여러 결합들이 있는 부분이다. 모피질은 친수성으로 염색과 펌제의 작용이 쉽게 일어난다.

❸ 모수질(Hair medulla)

모발의 가장 안쪽인 중심 부분으로 벌집 상태의 구멍이 있는 다각형 세포로 이루어져 있다. 멜라닌 색소를 함유하고 있고 시스틴 함량이 모피질에 비해 적다. 모수질이 굵은 모발의 경우 펌의 형성이 쉽고, 모수질이 가늘 경우 펌의 형성이 어렵다. 모수질 자체의 굵기는 0.07mm~0.09mm 정도이다.

《 **모발의 형상**

모발이 어떻게 생겼는지를 파악하는 것으로 모발의 굵기나 모발의 형태를 알아보는 것이다. 굵은 모발의 경우 경모라고 하고, 가는 모발의 경우는 연모라고 한다. 경모는 털이 굵으며 모수질과 멜라닌 색소가 많고 머리카락, 수염 음모 등이 포함된다. 연모의 경우는 출생 전 태모라고 부르다가 출생 이후 연모로 불리워지는 것으로 털이 가늘고 모수질이 없으며, 멜라닌 색소도 적어 갈색의 색상이다.

일반적인 모발의 굵기는 0.07~0.08mm 정도이며 모발이 곱슬한 정도에 따라서도 일직선일 때는 직모(Straight hair), 약간 곱슬일 때는 파상모(Wave hair), 강한 곱슬일 때는 축모(Curly hair)라고 한다. 직모와 파상모, 축모는 모발을 단면으로 잘랐을 때 원형에 가까운 정도로도 나타내게 되는데 이때 원형에 가까울 경우 모경지수가 1이 된다. 모경지수란 모발의 곱슬거리는 정도를 나타내는 수치이다.

동양인은 0.75~0.85로 원형에 가깝고 백인은 0.62~0.72, 흑인은 0.50~0.60으로 타원형에 가깝다. 에스키모인은 0.77, 티벳인은 0.80 정도로 나타난다. 모경지수는 '모발의 최소직경/모발의 최대직경 x 100'으로 계산되기도 하는데 이때에는 원형이 1이 아닌 100이 기준이 된다. 모경지수가 80 미만의 경우에는 곱슬일 확률이 높다.

> **모경지수 = 모발의 최소 직경(가장 짧은 길이) / 모발의 최대 직경(가장 긴 길이)**

직모는 모낭이 피부 표면으로부터 세워져 있으며, 모발 단면은 둥근 모양이고 황인종에게 많이 나타난다. 파상모는 모낭이 피부 표면으로부터 조금 누워있으며, 모발 단면은 타원형이고 백인에게 많이 나타난다. 축모는 모낭이 피부 표면으로부터 눕혀지거나 굽어져 있으며, 모발의 단면은 납작한 모양으로 흑인에게 많이 나타난다. 모발과 달리 음모나 액모가 다른 형태를 보이는 것은 발생 부위에 따라 모발 형상의 차이가 있다는 것으로 생각할 수 있다.

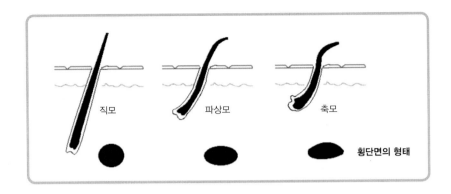

직모   파상모   축모   횡단면의 형태

« 모발의 종류

모발은 태아에서부터 노년기에 이를 때까지 계속적으로 만들어지는데 정상적인 생리 조건에서도 성질이 변하면서 동일한 모낭이 계속적으로 다른 종류의 모발을 만들고 있다.

❶ 취모(Lanugo)

배냇머리라고도 한다. 태아시기 약 20주(5개월 정도)에 가늘고 연한색의 모발이 생겼다가 출생 무렵에 탈락되고 그 자리에 연모가 자리하게 된다.

❷ 연모(Vellus hair)

솜털, 잔털이라고 한다. 몸의 대부분을 덮고 있는 가늘고 짧으며 색소가 거의 없어 눈에 잘 보이지 않는 섬세한 털을 말한다. 이마와 얼굴, 탈모 진행 부분에 주로 연모가 섞여있다. 좀더 세분하면 태아기 때의 모발을 태모, 생모라고 하며 출생 후의 털을 연모라고 한다. 배냇머리보다는 더 굵으며 모낭에는 피지선이 없다. 어린이와 여성에게 더 많으며 남성은 대머리에서 많이 보여진다. 연모의 경우도 인체 부위에 따라 색소를 갖게 되면서 점차적으로 종모로 되기도 한다.

❸ 중간모(Intermediate, Indeterminate) 연모와 종모 사이의 모발을 말한다.

❹ 종모(Terminal hair)

성모라고도 하며 머리카락, 눈썹, 속눈썹, 액모, 음모, 수염에 해당한다. 연모가 유전적 소인이나 내분비 기관의 영향으로 종모로 된다. 남성의 가슴 털은 남성에게만 나타나는 종모이며, 반대로 종모가 연모가 되는 경우는 대머리의 경우이다.

2. 모발의 특성

« 케라틴 단백질

모발이 어떤 것으로 구성되어 있는지를 아는 것은 중요한 부분이다. 모발은 일반적으로 케라틴이라는 단백질과 멜라닌 색소, 피질, 미량원소, 수분 등으로 구성되어 있다. 케라틴 단백질은 모발에서 80~90%를 차지하고 있으며 유황을 함유하고 있다. 단백질은 약 20여종의 아미노산 분자로 형성되어 있으며, 모발은 18종류의 아미노산(Amino acid)으로 구성되어 있다. 시스틴(Cystine)은 14~18% 함유된 케라틴이라는 경단백질이다. 단백질의 구성 단위인 아미노산의 경우 탄소 50~60%, 산소 25~30%, 질소 8~12%, 수소 4~5%, 황 2~4%, 수분 6~10%, 멜라닌 색소 1~3%로 구성되어 있다. 산성의 카르복실기(COOH)와 알칼리성의 아미노기(NH₂)가 있으며 알칼리기의 작용기에 따라 아미노산의 종류가 달라진다. 염색시술 시 아미노산은 염모제에 의해 단백질 구조가 파괴되며 단백질의 펩티드 결합의 분해로 고리가 작은 조각으로 나뉘거나 다르게는 아미노산 덩어리로 변환된다.

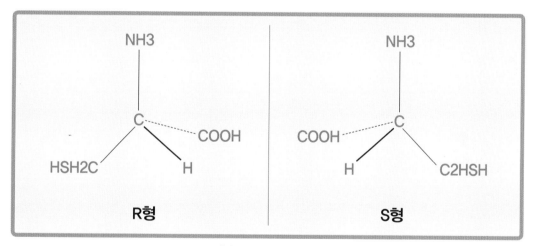

[아미노산의 기본 구조]

« 모발과 pH

모발에서 모발의 pH를 아는 것은 중요한 부분이다. pH(수소이온 농도)란 수분을 포함하고 있는 물질이 산성인지 알칼리성인지를 구분하는 측정 단위이다. 모발이나 두피는 물에 잘 녹지 않기 때문에 pH 수치를 측정할 수 없지만 모발이나 두피의 표면을 싸고 있는 pH(pH 4.8 정도)는 알 수 있다. 일반적으로 말하는 두피와 모발의 pH는 감싸고 있는 생체조직의 pH를 의미한다.

컬러리스트는 컬러 제품의 사용을 용이하게 하기 위해 제품의 pH에 대해 잘 알고 있어야 한다. 산성에 대한 모발의 저항력은 강하고, 모발의 단백질은 산성에 대해 수축 작용을 하며, 모표피의 응축현상에 의해 표피층이 단단해 진다. 강한 산성이 아닐 경우 산성에 의한 모발 손상은 적은 편이다. 약산성의 경우 알칼리성과의 중화에 의해 모발을 복원시키기도 하므로 염색 후 산성 샴푸가 이상적이다. 알칼리는 모발에서 팽윤을 일으키는데 pH 수치가 높을수록 단백질의 염 결합이 파괴된다. 강한 알칼리성의 경우 측쇄 결합도 불안정해지며 단백질 자체의 분해도 일어나게 된다.

모발을 구성하는 아미노산은 양이온과 음이온의 성질을 가지고 있는데 알칼리성에서는 양이온으로, 산성에서는 음이온으로 존재한다. 양이온과 음이온이 동등한 상태가 될 때를 등전점이라고 하는데 모발의 등전점은 pH 4.5~5.5 정도이며 이온 결합이 가장 안정되어 있는 상태이다. 모발이 등전점의 pH 범위를 벗어날 때에는 약해지거나 끊어지게 된다.

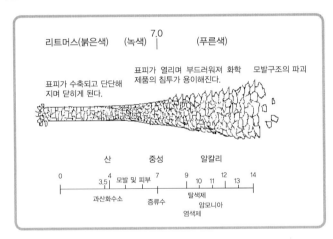

❶ 알칼리 제품과 모발

알칼리 제품의 경우 모발을 40~70%까지 팽윤시켜 모발에 화합물의 침투를 용이하게 하고 과산화수소의 산화작용을 돕게 된다.

❷ 염모제에 사용되는 제품의 pH

과산화수소	pH 3.0~4.0 정도의 산성 산화제로 사용된다.
암모니아	pH 11 정도로 멜라닌 색소 파괴를 돕는다.
염색제	pH 9.5 정도이다.
탈색제	pH 10~11 정도, 과산화수소와 혼합될 경우 멜라닌 색소 제거용 알칼리성으로 된다.

일반적인 비누는 pH 8 정도이고 샴푸의 경우 pH 6~7 정도이다.

모발은 주쇄 결합과 측쇄 결합이 있다. 주쇄 결합은 가장 강한 결합으로 아미노산의 카르복실기와 아미노산의 아미노기가 반응해 물로 탈수되며 CO, NH가 연결되어 펩티드를 이루고 이러한 결합이 반복되어 연결된 폴리펩티드 결합이 주쇄 결합이다. 측쇄 결합은 폴리펩티드에 의해 구성되어 있으며, 폴리펩티드가 가지고 있는 측쇄와 다른 측쇄가 서로 연결되어 펩티드 결합, 시스틴 결합, 이온 결합, 수소 결합을 이룬다.

❶ 펩티드 결합(Peptide bonds)

아미노산이 특수한 형태로 연결되어 있는 결합이다. 주쇄 결합과 같은 결합으로 아미노산의 카르복실기와 아미노산의 아미노기가 반응해 물로 탈수되며 CO, NH가 연결되어 펩티드를 이루고 있는 결합이다. 숫자는 작으나 강한 결합으로 강산이나 강 알칼리 등에 의해서 절단된다.

$$NH_2-\underset{R}{\overset{H}{C}}-\overset{O}{C}-OH + H-\underset{}{\overset{H}{N}}-\underset{R}{\overset{H}{C}}-COOH \rightarrow NH_2-\underset{R}{\overset{H}{C}}-\overset{O}{C}-\overset{H}{N}-\underset{R}{\overset{H}{C}}-COOH$$

펩티드 결합

❷ 시스틴 결합(황 결합)

측쇄 결합 중에 가장 강한 결합으로 케라틴을 결정하는 중요한 결합이다. 물이나 약산성에는 끊어지지 않으나 열, 알칼리, 환원제에 의해서는 절단된다.

❸ 염 결합(이온 결합)

모발 구성의 아미노산에 있는 산성인 카르복실기와 염기성(알칼리성)인 아미노기가 가까이 위치함에 의해 생긴 이온 결합이다. 모발의 등전점인 pH 4.5~5.5에서는 강하지만 그 외의 범위에서는 결합이 약해진다.

❹ 수소 결합

측쇄 결합 중 가장 약한 결합이며 아미노산의 산성 부위에 있는 수소 원자가 다른 아미노산의 산성 부위에 있는 산소 원자를 끌어당길 때 일어난다. 물이나 열에 의해서 쉽게 깨지므로 분무기 등으로 물을 뿌리고 셋팅 펌을 하거나 열 펌을 하면 화학 반응이 빨리 일어나 모발의 구조가 쉽게 변한다.

$$C=O \cdots H-N \xrightarrow{수분} C=O \quad H \quad O \cdots H-N \xrightarrow{건조} C=O \cdots H-N$$

수소 결합   수소 결합의 절단   변형된 위치에서 수소 결합의 재생

3. 모발의 성장 주기

《 모발 개수와 모발 수명

사람에 따라 차이가 있을 수 있으나 일반적으로 몸 전체의 피부에는 약 100~150만개의 털이 있다. 그 중 모발은 10만개 정도의 털을 가진다. 인종이나 모질 및 색에 따라 차이가 있을 수 있는데 흑발의 경우는 10~12만개, 금발의 경우는 14만개, 적발의 경우는 9만개 정도이다. 모발의 수명은 남자는 3~5년, 여자는 4~6년 정도이다.

《 모발의 성장

모발은 피부의 부속 기관으로 태생 9~12주부터 성장되면서 털이 나타나기 시작한다. 털이 성장하는 순서는 머리털, 콧수염, 눈썹, 턱수염, 몸통, 팔, 다리의 순이다. 사춘기를 기점으로 연모가 경모가되는 것은 겨드랑이 털, 가슴 털, 음모 등이다. 모유두를 통해 모모 세포의 형성으로 성장이 이루어지며 대략적으로 하루 0.34mm(0.2~0.5mm) 정도가 자란다. 낮보다는 밤에 잘 자라고 봄과 여름에 성장이 더 잘 된다. 모발의 성장 속도는 개인마다 다르며 신체의 부위, 연령, 건강 상태에 따라서도 차이가난다. 20대 전후가 성장이 활발하고 65세 이후 성장이 완만하다.

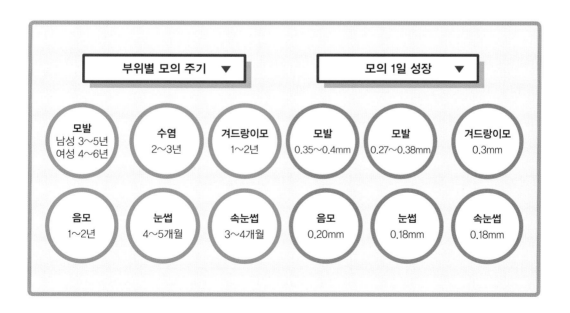

모발은 나고 자라고 빠지고를 반복하게 되는데 이를 모발의 성장 주기인 헤어 사이클(Hair cycle)이라고 한다.

❶ 발생기

모유두를 통해 영양분을 공급받은 모모 세포의 분열 증식이다. 모수질, 모피질, 모표피로 분열하여 밀려 올라가면서 모발을 형성하게 되는 시기이다.

❷ 성장기(Anagen stage)

모발이 가장 활발하게 자라는 시기로, 1달에 1~1.5cm 정도 자란다. 모발의 85% 정도가 성장기성 모발이다.

❸ 퇴화기(Catagen stage)

모발의 성장이 느려지면서 성장을 멈추는 시기로, 퇴화기의 모발 수명은 1~1.5개월 정도이다. 모발의 1% 정도가 퇴행기성 모발이다.

❹ 휴지기(Telogen stage)

모낭과 모유두의 완전한 분리로 모낭의 위축에 의해 모근이 위쪽으로 밀리는 단계이다. 이 시기에 모발이 자연 탈모가 되는데 탈모되는데 걸리는 시간은 3~4개월 정도이다. 모발의 14~15% 정도가 휴지기성 모발이다.

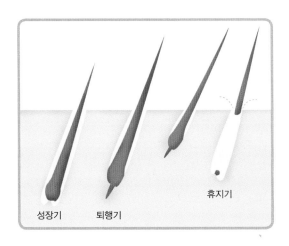

성장기   퇴행기   휴지기

Chapter 3 색채와 이미지 모발

1. 색의 분류

색의 분류는 크게 무채색과 유채색으로 나누어진다.

무채색(Achromatic color)

색이 없다는 의미로서 색조가 없는 색이 무채색이며 흰색, 회색, 검정색이 여기에 포함된다. 하얀색과 검정색, 하얀색과 검정색의 혼합에 의한 모든 회색을 말한다. 무채색은 명도의 차이로 구분되며, 무채색의 온도감은 중성으로 차지도 따뜻하지도 않다. 의복의 경우는 검은색 옷은 빛의 반사율이 낮고 흡수율이 높아 따뜻하고, 흰색 옷은 반사율이 높고 흡수율이 낮아 차갑다. 무채색은 채도가 없다.

[무채색]

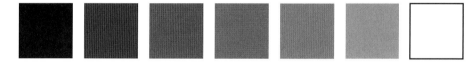

유채색(Chromatic color)

무채색을 제외한 모든 색을 가리키는 것으로 색을 가진 빨강, 노랑, 파랑, 주황, 녹색, 보라 등의 색은 물론 색의 기미가 조금이라도 있으면 유채색이다. 명도와 채도가 있으며, 색감에 따라 강한 느낌이나 약한 느낌을 주기도 한다. 유채색의 종류는 750만 종이지만 육안으로 식별이 가능한 색은 300여 종이고, 일상생활에는 50여종 정도가 필요하다.

[유채색]

유채색에서 원색은 빨강(Red), 노랑(Yellow), 파랑(Blue)으로 삼원색이라고 하며, 이 색들은 다른 색들을 섞어서 만들어지지 않는 색이다. 삼원색을 섞으면 모든 색상을 만들 수 있으며, 여러 색을 섞으면 색상이 어두운 검정, 회색, 갈색에 가까운 색이 된다. 삼원색을 1차색이라고 하고, 2차색은 삼원색의 혼합에 의해 나타난 색으로 주황(빨강+노랑), 녹색(노랑+파랑), 보라(빨강+파랑)색이 있다. 녹색, 파랑, 보라는 차가운 계열의 색상이며 노랑, 주황, 빨강은 따뜻한 색 계열이다.

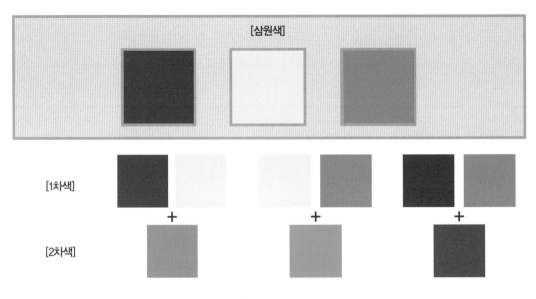

2. 색의 속성

색의 3속성은 색상, 명도, 채도이다. 즉, 색이 가지는 3가지 속성을 말하는 것으로 색이 가지는 색상, 색이 가지는 밝고 어두운 정도, 색이 가지는 색의 선명도를 색의 속성이라고 한다.

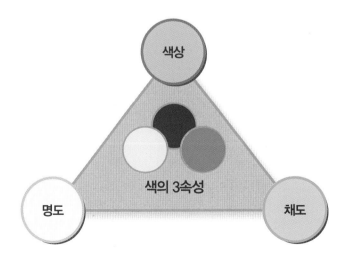

《 색상(Hue)

색으로 표현되는 빨강, 노랑, 파랑 등의 상태를 나타내는 용어로 색 자체가 갖는 고유의 특성이다. 색의 3요소 중 하나로 물체가 반사하는 빛의 파장에 따라 달라지게 된다. 색상은 유채색만 있고, 색채 구별을 위한 색채의 명칭으로 감각에 따라 식별되는 색의 종류이다. 유채색을 원으로 나열하여 표현한 것을 색상환이라고 한다. 색상환에서 가까운 거리에 있으면서 색상차가 작은 경우를 유사색, 인근색이라고 한다. 가장 거리가 먼쪽에 있는 경우는 반대색이라고 하며 정반대에 있는 색은 보색이다. 색상환에서 서로 반대편에 위치해 있는 색상으로 보색끼리의 색을 섞으면 중화색인 갈색이 된다. 빨강의 보색은 녹색이고, 노랑의 보색은 보라색, 파랑의 보색은 주황색이다.

[보색관계]

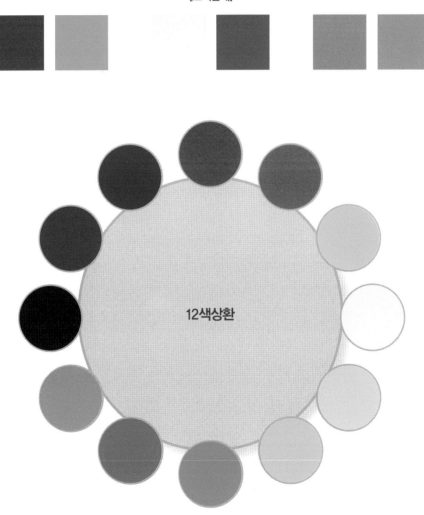

12색상환

색의 밝고 어두운 정도를 말하는 용어로 무채색, 유채색 모두 명도를 가진다. 밝은 색은 고명도, 어두운 색은 저명도라고 한다. 명도는 일반적으로 0∼10으로 나누며, 가장 밝은 흰색이 10으로 고명도이고 가장 어두운 검정은 저명도로 0으로 나타낸다.

색의 선명한 정도를 말하는 용어로 순색에 무채색이 포함될수록 채도는 낮아지게 된다. 채도가 높을 경우 고채도, 채도가 낮을 경우 저채도, 채도가 중간쯤인 경우를 중채도라고 한다. 녹색의 경우 가장 선명한 녹색이 고채도이며, 다른 색이 섞일수록 저채도가 된다. 녹색에 검정이든 흰색이든 노란색이든 파란색이나 빨간색이든 섞였을 경우 저채도가 된다.

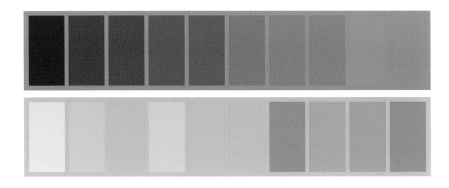

3. 퍼스널 컬러에 따른 스타일 분석

《 퍼스널 컬러

퍼스널 컬러는 개인마다 지닌 피부색, 눈동자색, 머리색 등과 색의 조화를 이루는 색을 말한다. 즉, 개인에게 어울리는 컬러나 자신을 돋보이게 하는 컬러를 말하는 것으로, 본인에게 어울리는 색으로 이미지 관리에 효과적으로 이용되고 있다. 보통은 사계절의 이미지에 비유하여 분류하는데 봄과 가을의 색은 노란 계통의 따뜻한 색, 여름과 겨울의 색은 파란 계통의 차가운 색으로 분류된다.

유형	색상(Hue)	명도(Value)	채도(Chroma)	톤(Tone)
봄	노란색	높음	높음	연함
여름	파란색	높음	낮음	연함
가을	노란색	낮음	낮음	강함
겨울	파란색	낮음	높음	강함

봄   여름   가을   겨울

《 퍼스널 컬러 진단법

사계절의 색으로 진단할 경우 사계절별 구분된 천을 얼굴에 직접 대어 보았을 때 보여지는 상태로 진단하게 된다. 봄, 가을은 난색(따뜻한 색), 여름, 겨울은 한색(차가운색)으로 나누어 살펴본다. 난색 중에도 봄은 밝은 노란색, 가을은 어두운 노란색이며 한색도 여름은 밝은 파란색, 겨울은 어두운 파란색으로 구분된다. 계절에 따른 색의 구분을 통해 얼굴에 대어 보았을 때 어울리는 색이면 얼굴색이 밝고 투명하며 예뻐 보이고, 어울리지 않으면 얼굴빛이 칙칙하거나 어두워져 보인다. 진단 시 유의사항은 진단하는 천이 얼굴을 덮거나 목에 너무 가까지 대지 않아야 하며, 진단 천에 주름이 잡히지 않아야 한다. 자연광이 있는 쪽에서 진행하고 화장을 하지 않은 상태에서 진단하는 것이 바람직하다.

)

❶ 봄 타입

봄 타입의 특징은 온화하고 부드러우며 신체 색상은 옐로우 베이스로 따뜻한 톤이다. 매우 밝은 아이보리 피부에 맑고 투명한 빛을 지니고 있다. 비비드톤과 파스텔 톤으로 이루어져 있으며 화사하고 활기찬 느낌이다.

❷ 여름 타입

여름 타입의 특징은 희고 푸른빛을 지닌 차갑지만 부드러운 파스텔 톤이 주를 이룬다. 신체 색상은 핑크빛 도는 피부 톤으로 피부도 얇다. 블루베이스로 중간 톤의 부드러운 색이며 시원하고 화려한 인상을 준다.

❸ 가을 타입

가을 타입의 특징은 깊고 풍부한 색이다. 신체 색상은 옐로우 베이스로 중간 톤과 어두운 톤이 주를 이루며 깊이감이 있는 색상이다. 성숙되고 차분한 이미지로 누르스름한 피부 톤에 황갈색 피부에 짙은 갈색 빛 눈동자를 가지고 있다.

❹ 겨울 타입

겨울 타입의 특징은 선명하고 강한 색상으로 신체 색상은 블루 베이스로 차가운 톤이다. 투명한 피부를 가지고 있으며 눈동자색, 머리카락 색이 선명하다. 파란색, 흰색, 검정색을 내포하고 있는 차갑고 강렬한 느낌이다.

❶ 하얀 얼굴색

하얀 얼굴은 어떠한 색도 무난하고 레드, 오렌지, 핑크 등의 붉은 계열 컬러가 어울린다. 노란색과 매트한 느낌의 색은 피부가 퍼져 보이고 부스스한 느낌을 들게 하여 피하는 것이 좋다. 차가운 청색 계열의 색도 피부를 창백하게 보이게 하므로 피하는 것이 좋다. 큰 얼굴에 흰 피부의 경우에는 블루블랙이나 블랙컬러를 사용하여 얼굴을 가리는 연출을 쉽게 할 수 있다.

❷ 검은 얼굴색

검정색 계열은 얼굴이 더 어두워 보이므로 피하는 것이 좋다. 너무 밝지 않은 브라운 계열, 와인 계열이 좋으며 오렌지나 밀크 브라운 컬러도 좋다. 초코 브라운, 블랙 등의 어두운 컬러는 피하는 것이 좋으며 지나치게 밝은 색도 얼굴을 더 검게 보이게 할 수 있어 피하는 것이 좋다.

❸ 노란 얼굴색

노란색 얼굴에 어울리는 헤어컬러는 얼굴에 붉은 빛이 없어 붉은 빛을 살려주는 레드 계열의 컬러가 어울린다. 오렌지 계열이나 레드 브라운, 보라색 계열이 좋으며 초코브라운이나 갈색도 좋다. 얼굴색과 같은 노란색은 푸석해 보이는 효과로 인해 피해야 하며, 차가워 보이는 카키 색상도 피하는 것이 좋다.

❹ 붉은 얼굴색

붉은 얼굴에 어울리는 헤어컬러는 붉은 색의 보색인 녹색 톤의 카키나 카키 브라운이 좋다. 피해야 하는 컬러로는 와인 컬러나 레드 계열의 컬러이다.

❶ 빨강

빨간색은 활력, 흥분, 정열의 색이다. 에너지의 색, 건강의 색이라고 하지만 공포심, 무절제한 열정, 지나친 흥분, 분노를 연상하게 하는 색이기도 하다. 빨간색을 좋아하는 사람은 의욕적, 적극적, 외향적이고 호기심이 강한 쪽이다.

❷ 핑크

핑크색은 부드럽고 사랑스러움, 온화, 낭만적인 이미지를 주지만 가볍고 유치한 느낌을 주기도 한다.

❸ 주황

주황색은 원기, 희열, 만족, 건강, 활력, 적극, 따뜻함, 관대, 풍부한 이미지를 주며 사람들에게 활력과 건강을 주는 색이다.

❹ 노랑

노란색은 부와 권위, 충성과 신성, 관용과 아량, 지혜, 고귀한 품성, 합리적인 사고, 정신적 성숙, 수확, 포괄적인 직관 등 여러 의미를 가진다. 황금의 시대라는 표현으로 긍정적인 의미가 있는 반면, 부정적인 의미로는 시기, 질투, 원한, 간교, 불성실, 무기력, 악의 등의 의미도 가지고 있다.

❺ 녹색

녹색은 자연의 색으로 평온한 휴식, 조용함의 이미지를 준다. 생명, 안정, 휴식, 희망, 신선 등의 이미지도 포함하고 있다.

❻ 파랑

파란색은 숭고, 평화, 무한, 진실, 냉철, 소극성, 충실성 등의 의미를 가진다. 지적, 청순, 청결, 맑음, 등의 이미지와 사무적이고 보수적, 독선적인 느낌을 준다.

❼ 보라

보라색은 영적, 영혼, 신비 등의 의미를 가지고 있고 우아함, 화려함, 고상한 품위 등의 이미지를 가지고 있다. 부정적 의미로는 외로움, 슬픔이 있다.

❽ 갈색

갈색은 자연의 색으로 편안함과 안정감을 준다. 풍성함, 퇴색의 이미지를 가진다.

❾ 흰색

흰색은 결백, 순진, 청결, 신성, 정직, 진실, 고독 등의 의미를 가진다. 봉사, 성스러움, 숭고함 등의 이미지가 있다.

❿ 검정

검정색은 엄숙함, 근엄함, 고요함, 수용의 이미지를 가진다. 부정적으로는 죽음, 공포, 침묵, 절망의 이미지도 가지고 있다.

⓫ 회색

회색은 안정됨, 부드러움의 이미지가 있다.

4. 이미지 컬러 코디네이션

이미지는 상, 표상, 심상의 뜻을 가지면서 인지된 대상이나 사물에 대한 정신적인 개념이나 느낌, 모습 등을 의미한다. 즉, 개인이 어떤 대상에 대해 가지는 인상들이라고 할 수 있다. 컬러는 이미지를 갖는데 중요한 요소 중의 하나로, 이미지를 위해 효과적인 컬러를 이용하게 된다.

《 엘레강스(Ellegance)

우아, 고상의 뜻으로 성숙된 아름다움을 갖는 이미지이다. 컬러의 경우 회색빛이 도는 색상의 부드러운 그레이 톤을 활용하면 효과적이다. 헤어컬러의 경우 회색빛의 붉은 보라, 보라 계열, 브라운 계열, 대비가 약한 부분 염색, 은은한 그라데이션 염색이 효과적이다.

《 매니시(Manish)

남성스러운 여성의 이미지를 뜻하며 무게감 있고 딱딱한 느낌이다. 컬러의 경우 무게감 있는 검정, 회색, 다크 블루, 다크 그린, 다크 브라운, 다크 그레이 계열이 효과적이다. 헤어컬러의 경우 밝은 색상을 피하고 어두운 색 계열에서 색상을 짙게 표현하여 강한 이미지를 나타낸다.

《 로맨틱(Romantic)

공상, 비현실적인 뜻으로 사랑스럽고 귀여운 여성의 이미지이다. 컬러는 핑크 계열을 중심으로 레드, 옐로우, 퍼플 색조에서도 난색 계열이 사용되며 페일, 라이트 톤의 파스텔 색조가 이용된다. 헤어컬러의 경우 색상은 부드럽고 따뜻함이 느껴지는 밝은 톤을 사용한다. 부분 염색의 경우에도 약한 대비 배색으로 한다.

모던(Modern)

근대적, 현대적인 뜻으로 도시적, 진보적인 세련미를 나타낸다. 기능적이고 심플한 느낌과 샤프함과 지적인 세련미를 표현하며, 하드한 느낌의 차가움도 가지고 있다. 컬러는 검정, 회색 등의 무채색 계열이며 청색 계열도 많이 표현된다. 헤어컬러는 원색, 무채색, 메탈 계열 컬러, 대조적 색상 배색으로 표현한다.

캐주얼(Casual)

활동적이고 명랑하며 경쾌한 분위기의 자유로운 이미지이다. 컬러는 화려한 색상, 난색 계열, 원색 계열이 주를 이룬다. 헤어컬러는 밝은 색 계열의 원색, 선명한 색상의 다양한 조합이나 강한 배색 대비를 이용한다.

에스닉(Ethnic)

민속적, 이국적 의미가 가미된 토속적 이미지이다. 컬러는 그린, 옐로우, 레드 브라운 계열의 칙칙하고 깊이 있는 색상 계열이다. 헤어컬러는 난색 계열의 강한 색상으로 표현한다.

클래식(Classic)

전통적, 고전적의 뜻으로 보수적이며 중후한 느낌의 유행과 관계없는 이미지이다. 컬러는 갈색, 와인, 겨자 색, 다크 그린 등의 깊이 있는 난색 계열의 색상이다. 헤어컬러는 진하고 어두운 톤으로 갈색 계열로 표현하며, 배색 표현보다는 한 가지 색이 더 중후한 느낌을 준다.

내추럴(Natural)

'자연의, 가공됨이 없는'이라는 뜻으로 친근하며 편안한 이미지이다. 컬러는 자연에서 흔히 보여 지는 흙의 색, 풀의 색으로 그린, 옐로우, 브라운, 베이지, 아이보리 등의 편안함을 주는 색상 계열이다. 대비가 약한 동일 색상이나 유사 색상의 조화가 내추럴한 느낌으로 더 잘 표현된다. 헤어컬러는 브라운, 오렌지, 카키, 노란색 계열의 색상으로 표현한다.

≪ 아방가르드(Avant garde)

전위적이라는 뜻으로 전통이 배제된, 해체로 인한 새로움의 표현, 일반적보다는 개성적이고 독창적인 느낌의 이미지이다. 컬러는 강한 대비 색상, 독특한 색상과 배색이다. 헤어컬러는 독특한 색상의 다양성을 표현할 수 있는 색상으로 표현한다.

5. 톤(Tone)

명도와 채도의 복합적인 개념으로 명암, 강약, 농담 등에 의한 색의 차이를 말한다. 색상과는 구분되는 개념이다.

≪ 비비드(Vivid) 톤

기본적인 원색으로 중명도의 고채도이며 활동적, 강렬함, 화려한 느낌을 준다. 캐주얼함, 경쾌함, 다이나믹함, 스포티함의 이미지에 활용된다.

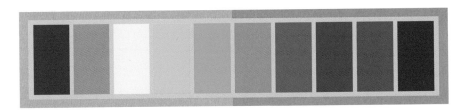

≪ 스트롱(Strong) 톤

비비드 톤보다 채도가 약간 낮은 색조로 차분하고 짙은 색조로 선명함이 아닌 강한 느낌을 준다. 강렬한 색조로 민속풍의 원색에 이용되며 화려한 이미지이다.

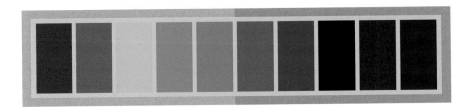

« 브라이트(Bright) 톤

비비드 톤에 흰색이 섞인 고명도의 색조이다. 페일 톤보다는 채도가 높고 젊음, 귀여움, 경쾌한 이미지를 가진다. 봄의 색조에 활용되는 색조이다.

« 페일(Pale) 톤

브라이트 톤보다 명도가 더 높은 색조로 저채도이다. 밝은 색조로 온화함, 귀여움, 부드러움 등의 이미지이다.

« 베리페일(Very Pale) 톤

톤 중에서 가장 밝은 톤으로 고명도 저채도의 색조이다. 은은함, 온화함, 맑은 이미지를 가지고 있다.

« 라이트 그레이쉬(Light Grayish) 톤

저채도의 중명도의 흐릿한 색조로 내추럴, 은은함, 온화함, 안정감 등의 이미지이다. 회색이 가미된 색조이다.

« 라이트(Light) 톤

중명도, 중채도의 색조로 차분함, 수수함, 우아함, 내추럴 등의 이미지이다.

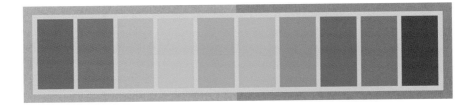

« 그레이쉬(Grayish) 톤

탁한 색조로 회색이 섞여있는 중명도이다. 차분함, 점잖음, 내추럴, 고상함, 은은함 등의 도시적 느낌의 색조이다.

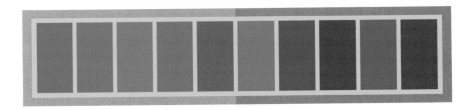

» 덜(Dull) 톤

회색이 가미되어 차분하고 둔한 느낌을 주는 색조로 고상, 점잖음, 중후함 등의 이미지이다. 저명도, 저채도로 오래되고 바랜 듯한 느낌을 주는 색이다.

» 딥(Deep) 톤

깊고 어두운 색조로 어두운 색조 중에서는 색감이 풍부하다. 깊이 있는 풍성함의 이미지로 저명도이며 채도는 조금 높은 편이다.

» 다크(Dark) 톤

가장 어두운 색조로 검정색이 가미되어 명도가 낮다. 딱딱함, 강함, 단단함, 권위적, 남성적 이미지를 가지고 있다.

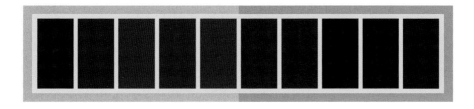

Chapter 4

패치 테스트와 컬러 테스트

1. 패치 테스트(Patch test)

패치 테스트란 알레르기 반응 검사를 말한다. 염모제(산화염모제)에는 파라페닐렌 디아민(PPD)이 포함되므로 피부 알레르기를 유발할 수 있다. PPD 성분에 의한 것이 아니더라도 민감성 피부의 경우에는 염색으로 인한 부작용으로 가려움증이나 통증 및 다른 반응이 발생할 수 있다. 그러므로 반드시 염색 전에 알레르기 유무, 피부의 민감 정도를 알아보아야 한다. 패치 테스트를 할 경우에는 귀 뒤쪽이나 팔꿈치 안쪽에 주로 확인 반응을 살펴보게 된다.

소량을 묻혀 24~48시간 정도 살펴보게 되는데 가려움증, 붉은 피부, 물집 등을 조사하게 된다. 첫 반응은 소량 소포하고 30분 경과 후 한번 확인하고, 이때 양성 반응(가려움증, 붉은 반점, 물집 등)이 있게 되면 2차 관찰을 할 필요는 없다. 이상이 없는 경우 2차 관찰은 24~48시간 후에 이루어지게 된다. 패치 테스트를 한 부위는 이상이 없는 음성 반응(이상 없는 피부)일 때 탈지면으로 닦은 후 알코올로 소독하고 염색을 시술할 수 있다. 단, 주의할 사항은 패치 테스트가 음성 반응이라고 하더라도 눈썹이나 속눈썹에 염색을 해도 된다는 것은 아니다. 눈썹이나 속눈썹은 음성 반응을 떠나 피부에 닿지 않아야 하는 부분이므로 시술을 하지 않거나 하더라도 시술에 신중을 기해야 한다.

« 패치 테스트의 양성 반응 피부

양성 반응으로 가려움증, 붉은 반점, 물집이 생기게 되면 염색을 하지 말아야 한다. 양성 반응 결과에도 불구하고 요구에 따라 염색을 해야 할 때는 병원의 처방에 따라 약 처방을 받고 시술을 해야 한다. 이때에도 두피 보호제를 바른 후 시술하거나 모근에서 일정 부분 떨어진 상태에서 염색을 하는 것이 바람직하다. 염모제 자체가 두피에 좋게 반응하지 않기 때문에 일반적인 염색의 경우에도 두피 보호제를 바르고 시술하거나 일정 부분 모근에서 떨어져 염색하는 것이 좋다.

[양성 반응의 예]

« 쉘러 세척

쉘러 세척은 물 1L와 150g의 염화나트륨 + 20볼륨 과산화수소 50ml를 혼합하여 두발을 세척하는 것을 말한다. 단, 패치 테스트 결과가 좋아 염색을 하더라도 염색 도중 가려움증이 생기게 되면 빠르게 두피를 세척해야 한다. 쉘러 세척이 아니더라도 염색으로 인해 두피에 이상이 있다면 두피에서 염색제를 제거해야 하며 제거가 용이하지 않을 경우 쉘러 세척이나 샴푸를 해야 한다.

2. 컬러 테스트(Color test)

스트랜드 테스트(Strand test)라고도 하며 모발 가닥을 검사하는 것을 말한다. 헤어컬러의 색상이 어떤 색으로 나올 수 있는지를 미리 알아보기 위해 고객의 머리 일부분에 직접 도포해서 확인해 보는 것을 말한다. 이때 목 뒤쪽 한단을 띄운 위쪽에서 가로 세로 각각 0.5cm의 범위를 잡아 도포하게 된다. 주의할 점은 윗머리의 손상도와 탈색도가 크고 목 뒤쪽의 머리 상태가 건강한 상태일 때 컬러 테스트의 색상이 고르게 표현되지 않을 수 있다는 점을 고려해야 한다. 테스트로 알아보는 것은 원하는 색상이 본인의 모발에 어떻게 작용되는지에 대한 것으로, 모발이 염색에 어느 정도 견디는지도 동시에 알아보는 것이 좋다.

Chapter 5

염모의 원리와 멜라닌의 이해

1. 염모의 원리

염색 모발을 간단하게 염모라고 한다. 염모는 어떤 색으로 염색이 되었는지에 따라서 다양한 색으로 표현되며, 염모제가 모발에 반응한 정도나 염모제의 종류에 따라 쉽게 빠질 수도 그렇지 않을 수도 있다. 염모의 원리는 염색제의 반응 원리에 따라 염모가 어떻게 나타나는지를 이해해야 한다.

《 산화염모제의 원리

염모제는 일반적으로 산화염모제를 지칭한다. 염모의 원리는 염모제(염료, 알칼리제) 제1제와 제2제가 혼합하여 모발에 반응해 모발에 색소를 입히는 원리이다. 염모제의 염료는 다양한 색조를 나타내는 인공 색소가 들어 있다. 알칼리 성질인 암모니아는 모표피층을 팽창시켜 과산화수소의 침투를 용이하게 하며, 제2제인 산화제는 과산화수소로서 모피질층의 멜라닌 색소를 탈색시키는 원리이다.

염색된 모발이 영구적인 컬러를 유지하기 위해서는 모발에 적용된 색상이 다시 모발 밖으로 빠져나오지 않으면서 모발에 잘 남아 있어야 한다. 염색의 가장 기본적인 원리는 작은 염색 분자가 모발 내에 침투되어 모발 내부에서 산화 중합 반응에 의한 탈색 및 발색이 동시에 진행되면서 색상을 얻게 된다. 이때 작은 염색 분자가 내부에서 고분자화 되면 염색의 색상을 잘 얻을 수 있다.

염모제가 모발에 들어가는 과정을 살펴보면 약산성인 모발은 평소 모표피가 닫혀 있는 상태에서 알칼리성 약제에 의해 모표피가 열리게 된다. 염모제의 제1제와 제2제를 혼합하면 pH 9~11이 되므로 염모제 자체가 알칼리성이 되어 모발 표면에서 모피질 안쪽으로 염모제가 들어가게 되며, 모피질에 있는 멜라닌 색소의 파괴와 함께 모발에 들어가 염모제 분자의 남아있음에 의해 색상이 표현된다. 도포 직후는 염모제가 모발에 빠르게 들어가 고르게 분포되며, 시간이 지나면서 중합 반응이 일어나 발색이 진행된다. 이후 시간이 더 지날수록 중합 반응 진행이 많이 됨에 의해 염료의 색상이 더욱 더 뚜렷해진다. 모발에 침투 당시부터 모표피에 가장 빠르게 중합 반응 정도가 나타나며, 모수질에 가까울수록 분포도도 적고 중합 반응도 늦게 나타난다. 산화염모제는 색조와 명도 변화가 동시에 이루어질 수 있으며, 산화 과정이나 알칼리 성분에 의해 모발 손상 및 피부 알러지 반응이 있다.

[시간에 따른 발색의 비교]

도포 직후

10분 후
중합 반응에 의한 발색 진행

20분 후
중합 반응에 진행으로 염료 발색
계속 진행

$$NH_2OH(알칼리제) + H_2O_2(산화제) \rightarrow NH_3 + H_2O + O(발생기 산소)$$

❶ 침투

알칼리제의 작용에 따른 모표피의 팽윤에 의해 큐티클 층이 열리면서 염모제와 과산화수소가 모피질 내부로 침투된다.

❷ 탈색(산소 형성 및 멜라닌 산화)

과산화수소에서 분리된 발생기 산소(1/2)는 모피질 내의 멜라닌 색소를 산화시켜서 옥시 멜라닌 화 된다. 알칼리제 영향을 받아 과산화수소가 물과 산소로 분해되면서 모피질 내의 멜라닌 색소를 산화시켜 파괴시킨다.

❸ 발색

과산화수소에서 분리된 나머지 발생기 산소(1/2)는 옥시 멜라닌 색소 주변의 인공 색소와 산화 중합 반응으로 유색의 큰 입자를 형성하면서 모피질 내에 안착되어 영구적인 발색이 일어난다.

《 산성 염모제의 원리

산성 염료는 침투제의 작용으로 모발에 침투하게 되는데 이때 염료 분자가 커서 모발 내부까지 염료의 침투가 어렵기 때문에 모표피층에만 착색이 된다. 따라서 열을 가하여 모발의 표면에 염료를 착색시키게 되는데 탈색력이 없어 멜라닌 색소의 파괴로 탈색이 되지는 않는다. 원래의 모발색에 산성 염모제의 색이 더해진 상태가 된다. 원리는 음이온(-)의 색소가 모발 내부의 양이온(+)과 결합하는 원리이다.

2. 멜라닌의 이해

« 멜라닌 색소

멜라닌 색소는 사람이 가지고 있는 자연 색소로서 자외선으로부터 피부를 보호하는 역할을 한다. 유전이나 환경에 따라 모발의 색조와 강도, 밝기가 차이가 난다. 멜라닌 색소는 멜라노사이트(Melanocyte, 멜라닌을 생성하는 색소 세포)에서 만들어진다. 모발의 멜라노사이트는 모유두의 끝부분에 위치하고, 피부의 경우 표피의 최하층인 기저층에 분포되어 있다.

멜라닌은 페오멜라닌(적멜라닌)과 뉴멜라닌(흑멜라닌)으로 나누어진다. 페오멜라닌은 적색이나 황색으로 크기가 작고 단단한 분사형 색소로 탈색에 매우 저항적이다. 뉴멜라닌은 검정색이고 크기가 큰 입자형 색소로 탈색에 수용적이다. 혼합멜라닌은 크기가 중간 정도이다. 이때 모발에 있는 멜라닌의 유형이 모발색을 결정하게 되며 멜라닌의 양과 분포도에 따라 모발의 밝기가 결정된다.

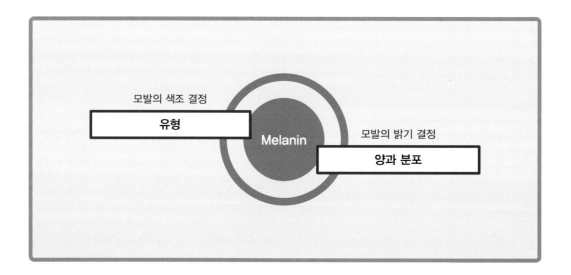

« 멜라닌의 종류

❶ 유멜라닌(Eumilanin)

유멜라닌은 검은색이나 갈색, 적갈색을 나타내는 색소로 흑인, 동양인의 모발색을 결정한다. 유멜라닌은 쌀알 모양의 과립형으로 두께는 $0.3 \sim 0.4 \mu m$ 정도, 길이는 $0.8 \sim 1.2 \mu m$ 정도이다. 분자량이 높은 중합체(Polymer)로 물에 용해되지 않으며 복잡한 화학 반응으로 생성된다. 자외선이 없어도 지속적으로 합성된다.

❷ 페오멜라닌(Pheomelanin)

페오멜라닌은 노란색, 주황색, 빨간색을 나타내는 색소로 주로 서양인들의 모발색을 결정한다. 유멜라닌보다 입자가 작으며 원형이거나 타원형으로 표면이 움푹하게 들어가 있다.

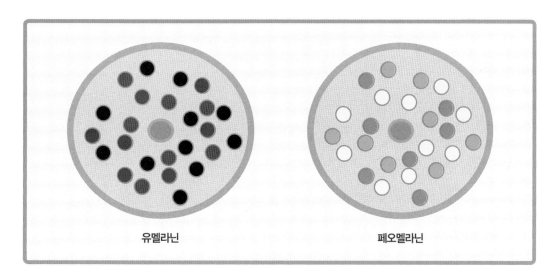

유멜라닌   페오멜라닌

《 백모의 발생 원인

백모의 발생 원인이 무엇인지는 아직 밝혀지지 않았지만 모낭의 멜라닌 생성 세포의 감소, 비활성화의 원인으로 추정된다. 멜라닌 생성을 촉진하는 티로신이라는 효소의 감소나 그 기전에 문제가 일어날 수도 있고, 피질 세포의 포식 작용에 의한 멜라닌 과립 이동에 문제가 발생할 수도 있다. 다른 요인으로는 노화 현상에 의한 백모의 발생이다. 유전적인 영향으로 30세 이후부터 측두부, 두정부, 후두부, 전두부 등에 다양하게 백모가 나타난다. 과도한 스트레스나 정신적인 불안 요인으로 백모가 발생하기도 하는데 이럴 경우는 스트레스나 정신적인 불안 요인이 없어졌을 때 백모가 사라지기도 한다.

염모제 종류 및 산화제와 탈색제

1. 염모제의 종류

염모제(헤어컬러제)는 모발에 물리적, 화학적인 변화를 일으키는 제품으로, 모발에 작용되는 염모제의 종류를 알고 모발에 적용해야 한다. 염모제의 종류에는 영구적 염모제, 반영구적 염모제, 일시적 염모제가 있다. 종류의 구별은 모발에 염색되는 기간을 기준으로 이루어진다. 염모제는 일반적으로 염모제 제1제에 염모제 제2제(산화제)를 섞어서 사용하게 되는데 제품에 트리트먼트, 계면활성제, 제품의 변질 예방을 위한 성분 등이 포함되어지기도 한다.

« 영구 염모제(Permanent hair color)

영구 염모제는 염모제가 모발에 침투되어 영구적으로 변화시킴에 의해 원래의 모발 색상으로 되돌릴 수 없는 상태의 염모제이다. 그러나 영구 염모제일지라도 일광이나 기타 퍼머약 등에 노출되었을 때에는 그 색에서의 탈색은 있을 수 있다. 하지만 일단 모발에 표현되었던 색소 자체는 강한 탈색제에 의한 인위적인 제거 없이는 영구적으로 모발에 그 색을 가지고 있다. 염모제는 액상 타입이나 크림 타입, 젤 타입이 있으며 크림 타입의 염모제가 일반적으로 많이 사용되고 있다. pH는 9.0~9.6 사이이며, 백모는 100% 커버가 가능하고 색상의 지속력이 길다.

★영구 염모제 1제의 구성 성분
- 색소제(전구체+커플러)와 알칼리제로 구성
- 파라 페닐렌 디아민(Para phenylene diamine) - 검정
- 파라 톨루엔 디아민(Para toluene diamine) - 갈색
- 메타 디하이드록시 벤젠(Meta dihydroxy benzene) - 회색
- 파라 아미노 페놀(Para amino phenol) - 붉은 갈색

반영구 염모제(Semi permanent hair color, 산성 컬러제)

산성 컬러제(Acid color)라고도 부르며 1개월(4주) 정도 색상이 유지된다. 샴푸할 때마다 조금씩 소실되는 형태로, 샴푸를 하는 정도에 따라 색상의 유지도 차이가 난다. 제1제로만 구성된 형태로 약산성 제품이며, 모발에 손상이 없고 연속 사용으로 색상의 효과를 부여할 수 있다. 피부에 부착이 쉽게 되며 피부나 모발에 손상을 주지 않는다.

★반영구 염모제의 특징

• 착색으로 가늘거나 손상된 모발에 윤기를 부여한다.

• 자연 모발의 색상 위에 더해지는 형태로, 모발 손상이 없으나 검정색 모발에 밝은 색의 표현은 어렵다.

• 다공성모의 손상 부분을 일정 기간 메워줄 수 있다.

• 흰 머리를 일정 부분은 감출 수 있다.

• 브리치 후 색상 표현에는 유리하며 pH는 3.0∼6.0이다.

• 산성 컬러제의 반복 시술은 모발 건조 및 뻣뻣함을 줄 수 있다.

• 우리나라에서는 코팅이라는 표현을 쓰기도 한다.

일시적 염모제(Temporary hair color)

모발에 일시적으로 착색되는 염모제를 말하는 것으로 물이나 샴푸로 바로 제거되는 것을 말한다. 평범한 색상에서 특이한 색상까지 다양한 색상을 구사할 수 있다. 암모니아나 과산화수소가 들어 있지 않아 자극이 없으며 모발에 손상을 주지 않는다. 일시적 염모제의 종류에는 컬러 샴푸와 컬러 린스, 컬러 스프레이, 컬러 마스카라, 컬러 크레용, 컬러 파우더가 있다.

❶ 컬러 마스카라(Color mascara)

흔히 속눈썹용 마스카라의 형태로 몇 가닥의 머리카락이나 아주 작은 범위에 색상을 표현할 때 사용된다.

❷ 컬러 스프레이(Color sprays)

특별 효과나 파티 효과를 극대화시킬 때 사용되며 건조한 모발에 반사하게 된다. 에어졸 타입의 착색제이다.

❸ 컬러 샴푸(Color shampoo)와 컬러 린스(Coler rinse)

모발의 일부분에 하이라이트 효과를 주거나 색의 고착력을 높이기 위해 물과 혼합된 염색제를 샴 푸제나 린스제로 사용하여 일시적으로 색상이 유지되게 하는 것으로 크림, 젤, 무스 형태가 있다.

❹ 컬러 크레용(Color crayon)

합성 왁스나 비누를 혼합해서 착색시킨 막대 모양 형태의 제품으로 부분 염색, 리터치, 새치 커 버용으로 많이 사용된다.

❺ 컬러 크림(Color cream)

튜브나 작은 병에 들어 있는 크림 착색제로 쉽게 지워지며 보통은 무대용으로 많이 사용한다.

❻ 컬러 파우더(Color powder)

분말 형태의 착색제로 필요한 부분에 부분적으로 사용된다. 컬러 파우더의 경우 색상은 물론 광 택과 펄, 반짝이 가루가 포함되어 있는 것도 있다.

2. 산화제(Oxidation, 과산화수소, 염모제 제2제)

《 산화제 종류

산화제는 과산화수소로 모발의 손상과 밀접한 관계가 있다. 과산화수소는 물 분자에 산소 분자가 첨가되어 만들어진 무색 액체로 산화 작용을 한다. 모피질 속에 있는 멜라닌 색소를 파괴시켜서 염료 가 들어갈 수 있게 해주는데 산소 함유량에 따라 과산화수소의 볼륨이 달라진다. 산소의 양에 따라 볼륨(Volume)으로 표기하는데 20볼륨의 경우는 산소를 20만큼 산화시키는 양이다.

%로 표기할 때에는 과산화수소의 양이 어느 정도 들어 있는지에 따라 100g의 용액에 3%가 있을 경우 3%의 과산화수소이다. 과산화 수소 3%는 10볼륨과 같다. 즉, 10만큼의 산소량을 방출하는 것이 다. 과산화수소의 경우 3%～12%까지 사용하게 되는데 일반적으로 쓰는 것이 3～ 6%이며, 9～ 12%

일 때에는 피부 적용시 주의해야 한다. 모발의 명도에서 6%가 명도 2라면 9%는 명도 3, 12%는 명도 4 정도를 나타낸다. 염모제와의 혼합이나 볼륨에 따라 모발 색상이나 모발 손상도가 달라진다.

3%(10vol)	레벨의 변화를 주지 않으며 일반적으로 많이 사용된다. 3.5%도 사용된다. 퍼머 직후 멋내기나 백모 커버 시술에 사용하면 용이하다.
6%(20vol)	좀 더 착색을 강하게 할 때 사용된다. 백모를 명도 5~6 정도까지 나오게 하며 일반적인 염색에도 용이하다.
9%(30vol)	1~2단계 모발 레벨을 높여야 할 경우 사용된다. 자연모를 2~3레벨 정도로 하고자 할 경우 사용되며 명도를 빠르게 높이고자 할 때 사용한다.
12%(40vol)	3~4단계 모발 레벨을 높여야 할 경우 사용된다. 자연모를 8레벨 이상으로 하고자 할 경우 사용되며 원색 컬러를 표현하고자 할 때 사용한다.

산화제의 형태는 오일 타입(Oil type), 크림 타입(Cream type), 분말 타입(Povder type)이 있다. 크림 타입이 가장 많이 사용되고 있으며, 무색 투명한 과산화수소수 용액을 액상으로 만들어 점성을 더한 것이다. 산화제의 양이 많으면 제1제의 색상 희석으로 인해 모발색에 쉽게 퇴색되며, 산화제의 양이 적으면 모발 색상의 밝은 표현이 어렵다. 산화제의 농도가 약하면 모발의 손상이 적으며, 강하면 모발 손상이 더 있게 된다.

« 탈색제(블리치제)와 산화제 종류에 따른 모발색의 변화

탈색할 때 3% 산화제와의 혼합을 3번 반복하였을 경우와 6%를 2번 정도 사용하였을 경우, 9%를 사용하였을 경우 등 사용 방법에 따라 모발의 손상도가 다르게 된다. 일반적으로 두피 근처의 사용은 3%~6%까지의 산화제가 사용된다. 탈색제와 산화제의 혼합에서 산화제의 농도에 따라 모발색의 변화가 있게 된다.

• 3% 사용 – 붉은 기가 남아있는 형태가 일반적이다.

• 6% 사용 – 붉은 기가 거의 없어진 형태가 일반적이다.

• 9% 사용 – 붉은 기가 없으며 바랜 색을 띠는 형태가
  일반적이다.

• 3% 사용 후 6% 사용 후 9% 사용 – 바랜 색에 흰색
  빛을 나타내며 손상 정도를 잘 살펴야 한다.

3. 탈색제

》 탈색제(브리치제)

탈색이란 모발에 있는 멜라닌 색소인 자연 색소를 제거하는 것과 염모제에 의해 염색된 인공 색소를 제거하는 것을 말한다. 모발의 멜라닌 색소가 특정 화학 성분에 의해 분해되는 성질을 이용해 만들어진 것이 탈색제이다. 멜라닌 색소는 알칼리나 산, 산화제, 환원제 등에 의해 색을 잃는 성질이 있음을 이용하여 산화제(과산화수소)와 탈색제의 혼합으로 모발색을 밝게 한다. 산화제에서 배출된 산소는 유멜라닌을 먼저 제거 후 페오멜라닌을 제거하게 된다. 유멜라닌은 입자가 크고 쉽게 제거되는 반면 페오멜라닌은 잘 제거되지 않는다. 같은 브리치제를 사용하더라도 모발이 가지고 있는 멜라닌의 양과 유형에 따라 탈색의 정도는 다르게 나타나게 되며 방치 시간, 탈색제의 종류, 탈색과 함께 사용된 산화제의 볼륨에 따라서도 모발의 탈색은 다르게 나타난다.

« 탈색제의 종류

❶ 분말 타입

가루 형태로 날림이 있어 조제 시 주의해야 하며 탈색 반응이 강하다. 두피나 모발에 손상도 크기 때문에 두피에 직접적으로 닿지 않게 해야 한다. 모발이 손상되었거나 약한 경우보다는 강한 모발에 사용하는 것이 좋으며, 모발 전체에 사용하기 보다는 부분 탈색에 적용하는 것이 좋다. 탈색 반응이 빠르기 때문에 도포 후 바로 육안에 의해 색상 변화를 알 수도 있으므로, 짧은 시간차를 두고 수시로 색상의 변화를 확인해야 한다.

❷ 크림 타입

크림 형태의 탈색제로 시술동안 산화제의 건조가 없어 작업 시 시간에 쫓김이 덜하고 약제의 흘러내림이 적어 편리하다. 모발에 지나치게 흡수되지 않으며 컨디셔너제가 함유되어 있어 손상 정도가 약한 반면 탈색 정도도 약하고 속도가 느리다. 경모의 경우나 모발의 색상을 밝게 표현하고자 할 경우 많은 시간이 소요된다. 도포한 부분이 확실히 보이기 때문에 겹쳐 바르는 일이 없어 초보자의 시술에 용이하다.

❸ 오일 타입

액체의 형태로 탈색 작용이 빠르며 탈색의 진행 속도를 쉽게 파악할 수 있다. 버진 헤어(Virgin hiar)나 경모의 탈색 시 좋으며 샴푸 시 용이한 타입이다. 모발에 대한 침투력이 높고 강하며, 지나친 탈색과 모발 손상이 클 수 있다.

탈색제는 전체 모발을 탈색할 수도 있고 부분적으로 탈색제를 사용할 수도 있다. 탈색제의 사용은 일반적으로 모발의 색소를 빼기 위해 산화제와 혼합하여 사용되며, 전체적인 모발의 탈색은 시간의 경과에 따른 차이를 보이는 경우가 있어 빠른 시술이 이루어져야 한다. 부분 모발에 대한 탈색제 사용은 보통 탈색하고자 하는 모발을 호일 위에 놓고 탈색제를 도포한다. 도포 후 호일로 감싼 상태에서 방치 시간을 갖고, 필요에 따라 열을 가하기도 한다. 탈색제의 종류와 시간의 경과 정도에 따라 색상의 차이를 나타낸다.

반사빛(Reflect)

빛이 물체를 통과하였을 때 육안으로 보이는 색상이 반사빛이다. 이에 따라서 모발도 다양한 색상을 띠게 된다. 헤어컬러에서 반사빛은 색의 음영과 색의 온도감, 이미지를 나타낸다. 반사빛 자체는 차가운 색과 따뜻한 색으로 분류되는데 파랑, 초록, 보라는 차가운 색이며 노랑, 주황, 빨강은 따뜻한 색이다.

1. 반사빛의 표시

반사빛은 아라비아 숫자, 알파벳의 약자로 표기한다. 명도를 나타내는 숫자 다음에 ' . ', ' / ', ' - ' 등의 표시는 반사빛이 있다는 것을 나타낸다. 반사빛 자체를 알파벳의 약자로 표기할 때에는 이러한 기호들이 생략될 수도 있다.

7.54에서 7은 명도를 나타내며, 5는 1차 반사빛이고 4는 2차 반사빛이다. 명도를 나타내는 숫자 뒤의 첫 번째 숫자가 색조의 주를 이루고 있는 주 반사빛이며, 두 번째 숫자는 보조 반사빛으로 주 반사빛을 보완해주는 역할을 한다.

산화 염료의 경우 제조업체에 따라 공식화된 색의 등급으로 분류되고 있다. 업체마다 사용자를 위해 색의 등급을 알려주는 설명서를 제공하므로 제품별 색의 등급 및 베이스를 잘 알고 고객의 모발에 사용될 색을 조제하여야 한다. 따라서 사용할 염료 배합 전에 모발색이 가진 베이스의 밝음과 어두움 및 반사빛 등급을 인지한 후 제품을 이용해야 한다.

[염모제의 색명 읽기]

명도   1차 반사빛   2차 반사빛

색상		파랑		보라		노랑		주황		빨강보라		빨강		초록	
반사빛		잿빛 (Ash)		보랏빛, 진주빛 (Pfral)		금빛 (Gold)		구리빛 (Copper)		자주빛 (Mahogany)		적빛 (Red)		초록빛 (Matt)	
숫자표기	알파벳표기	.1	A,C	.2	V	.3	D,G	.4	DR, RA	.5	M	.6	R	.7	G

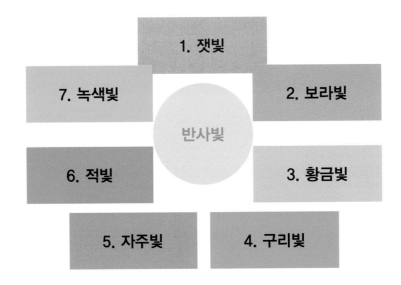

2. 반사빛 체인지(색상의 일치성)

색의 일치성은 원하는 색상의 표현이다. 색 감각에 의한 자체 색상과 원하는 색상과의 관계를 나타내는 것으로 현재 가지고 있는 색상과 염색을 한 이후의 색상이 일치해야 한다. 이를 위해서는 가지고 있는 자체 색상을 이해해야 한다. 자체의 밑바탕색이 밝은 색상일 경우에는 모든 색상을 잘 표현할 수 있으며, 밑바탕색이 어두운 색일 경우 다양한 색상을 잘 표현할 수 없다. 모든 색상이 잘 표현될 수 있어야만 쉬운 염색이 될 것이고, 밝은 색상을 잘 받아들이지 못해 색상 표현이 어려울 때는 어려운 염색이 될 것이다.

« **색상에 따른 일치와 불일치**

- 색상의 일치성 : 금빛 → 구릿빛 → 자주빛 → 적빛
- 색상의 불일치성 : 적빛 → 자주빛 → 구릿빛 → 금빛
- 색상의 일치성 : 잿빛 → 보랏빛
- 색상의 불일치성 : 보랏빛 → 잿빛

따뜻한 색과 찬색 계열의 반사빛 색조는 일치성이 없고, 일치성이 없는 색조의 경우는 탈색 후(색교정) 원하는 색상으로 해야 한다. 색의 일치성을 좀 더 쉽게 표현하면 따뜻한 계열 색상끼리나 차가운 계열의 색상끼리의 색의 교체는 쉽게 되지만, 따뜻한 계열의 색상에서 찬 계열의 색상을 표현하거나 찬 계열의 색상에서 따뜻한 색상으로의 교체는 쉽지 않기에 탈색에 의해 완전히 색을 없앤 후 다시 색을 표현해야 한다. 또한 따뜻한 계열의 색상에서도 적빛으로 갈수록 쉽게 되지만 적빛에서 금빛으로 표현은 힘들고, 잿빛에서 보랏빛을 만들기는 쉽지만 보랏빛을 잿빛으로 표현하기는 힘들다. 즉, 같은 계통의 색상에서도 밝은 색에서 어두운색 쪽의 표현은 쉽게 되지만, 역으로 어두운색 쪽에서 밝은 색상으로의 표현은 어렵다.

Level Scale

3 5 6 7 8 9

PART 2

실기편
(베이직(기본) 컬러)

Chapter 1

염색 도구 및 염색제 사용 방법

1. 염색 도구 및 재료

« **염색 도구**

염색 도구는 염색을 하기 위해 필요한 도구들이다. 염색 도구에는 수건을 비롯해 장갑, 브러시, 클립, 귀덮개(이어캡) 및 염색 볼 등 다양한 종류가 있다.

❶ **수건 및 휴지**
염색 후 닦음 및 염색약의 피부 흘러내림 시 바로 제거하는 용도로 사용한다.

❷ **장갑**
시술자의 염색용 보호 장갑으로 염색약이 시술자의 손에 묻지 않도록 장갑을 착용한다.

❸ **브러시**
염색을 하기 위해 사용되는 브러시로 염모제를 모발에 도포할 때 사용된다. 꼬리 부분은 시술자가 잡기 편하게 하거나 섹션을 뜰 때 용이하게 하는 용도로 사용된다.

❹ **호일**
염색의 다양성을 위해 호일을 사용한다. 브리치 사용뿐만 아니라 염색 자체를 응용할 때도 사용한다.

❺ 염색 볼

염색을 할 때 염색제를 담는 용도로 사용된다. 일반적으로 플라스틱이나 세라믹 소재가 적합하고 금속성 볼은 사용하지 않는다. 볼은 염색제의 정확한 배합을 위해 눈금이 표시되어 있는 것이 있으며 바닥쪽이 약간이라도 무거운 것이 좋다.

❻ 클립

머리에 꽂는 핀으로 긴 머리의 경우 염색을 하기 위해 모발을 꼽아두는 용도로 사용한다.

❼ 귀 덮개(이어 캡)

염색 시 귀를 보호하기 위한 용도로 사용된다. 고객이 불편해 하면 랩이나 휴지를 이용하여 귀를 보호할 수도 있다.

❽ 염색 어깨 보

고객이 입은 가운이나 의상에 염색제가 묻지 않도록 하기 위해 어깨에 둘러지는 보이다.

❾ 크림

염색 보호용 크림으로 고객의 피부에 미리 발라 염색제가 피부에 묻어 착색되는 것을 방지해 주도록 한다.

❿ 헤어 브러시

염색 전과 후에 전체 머리를 빗질하는 용도로 사용된다. 염색 전에는 성근 브러시를 사용하고 염색 후 건조 된 상태에서는 쿠션 브러시가 사용되어도 된다.

⓫ 튜브 짜개

염색제를 알뜰하게 사용할 수 있는 기구로 염색제 튜브에서 염색제를 쉽게 나오게 하기 위한 용도로 사용한다.

⑫ 저울

염색제의 조제 비율을 정확하게 하기 위해 사용한다.

⑬ 타이머

염색 도포 후 염색제의 도포 시간을 보다 정확하게 하기 위해 사용한다.

⑭ 헤어 드라이어

염색 후 머리카락을 건조시키는 용도와 부분 탈색이나 염색 시 열기구로도 이용한다.

⑮ 헤어 캡(비닐 캡)

염모제를 바른 후 자연 방치나 캡을 씌워 두게 된다. 자연 방치의 경우는 모발을 그대로 두면 되지만 헤어 캡을 씌워 둘 경우에는 염모제 사용 후 머리를 간단하게 추슬러 머리카락을 캡 안에 넣는다. 비닐 캡을 대신해서 랩을 씌워두기도 한다.

⑯ 고객 가운과 시술자 앞치마

고객 가운은 염색 시 고객의 의상이나 피부 보호를 위해 고객이 입게 되는 미용 까운이고, 시술자 앞치마는 시술자의 의상을 보호하기 위해 앞에 두르는 치마이다. 시술자의 경우 앞치마, 장갑, 팔 토시를 모두 하기도 한다.

⑰ 헤어 열기구

염색 도포 후 모발에 열을 주는 기기로 염색 시간 조절을 위해 사용한다.

<< **염색 재료**

❶ 염색제(염모제 1제)

염색제는 다양한 색상이 있으며 모발색의 변화를 위해 사용된다. 염색제에는 영구 염모제, 반영구 염모제, 일시적 염모제가 있다.

❷ 산화제(염모제 2제)

염모제에 사용되는 산화제로 모든 영구 염모제의 제2제와 탈색제의 제2제로 사용된다.

❸ 샴푸와 린스

염색 후 모발에 남아있는 염모제 제거용 샴푸이다. 린스는 약산성 린스를 사용하여 중화적 의미의 린스를 하게 된다.

❹ 헤어 트리트먼트

염색 머리에 영양과 수분을 주어 모발을 보호하거나 정상화 시키는 용도로 사용된다.

2. 염색제, 탈색제 조제와 사용 방법

《 염모제 조제

염모제를 조제하는 것은 간단한 조제에서부터 복잡한 조제가 있을 수 있다. 단순 조제로는 염모제와 산화제를 1:1로 조제하는 방법이며, 복잡한 조제로는 염모제를 2가지 이상 섞은 후 산화제와 혼합하는 방법이다. 같은 금발을 표현하고자 할 때 일정 모발에 매우 밝은 금색을 바로 섞을 수도 있지만 매우 밝은 황금색에 매우 밝은 금색을 같이 섞어 조제를 할 수도 있다. 모발이 표현되어 나오는 정도에 따라 컬러리스트는 하나의 색상만으로 표현하지 않고 좀 더 고급스럽거나 어울림이 좋은 컬러를 조제해서 사용하게 된다.

《 염모제 사용 방법

염모제의 사용 방법은 단순히 모발에 전체를 묻혀놓으면 된다. 이때 상황에 따라 도포 양을 조절하거나 도포시 힘의 분배를 적절하게 조절한다.

《 탈색제의 조제

탈색제의 조제는 탈색제와 산화제의 1:1 혼합이다. 경우에 따라서는 탈색제의 비율을 높이기도 하고 산화제의 비율을 높이기도 한다. 탈색제의 비율을 높일 때는 탈색의 강도를 좀 더 높이고자 하는 경우가 일반적이며, 산화제의 비율을 높일 때는 탈색의 강도를 좀 더 낮게 하고자 하는 경우이다. 주로 사용하는 탈색제는 분말 형태를 많이 사용하게 되며, 탈색하고자 하는 모발의 양을 살펴 탈색제의 양을 정한 후 거기에 맞게 산화제를 혼합하게 된다.

« 탈색제의 사용 방법

염모제의 사용 방법과 같이 모발에 고르게 묻혀 놓는 방법과 도포 양을 조절하는 방법이 있다. 도포 시 시술자가 모발에 밀착시키는 힘의 정도를 어떻게 하는지에 따라 조금의 차이는 보이지만 염모제 보다는 그 정도가 미비하다.

3. 염모제 도포 방법

« 염모제 도포 순서

백모의 경우는 두피 가까이를 바로 바르는 편이다. 백모가 아닐 경우는 어두운 색을 제외하고 두피에서 0.5~1cm 정도는 가장 나중에 도포하는 것이 일반적인 예이다. 그 이유는 두피의 열로 인해 두피 쪽의 모발이 더 밝게 표현되기 때문이다.

❶ 백모 염색의 도포

백모 염색의 경우는 흰머리를 가리기 위한 염색이므로, 흰머리가 많은 부분부터 염색제가 도포되어야 한다. 흰머리 분포 상태는 이마 쪽이 많은 경우, 정수리 부분이 많은 경우, 귀 위쪽 부분이 많은 경우, 전체적으로 흰머리가 고르게 분포된 경우, 전체가 백모인 경우 등이 있다.

부분적일 때는 흰머리의 분포가 많은 곳부터 1차 도포한 후 전체적으로 2차 도포에 의해 마무리되게 한다. 부분 흰머리일 때는 1차 도포시 흰머리가 있는 부분 만큼을 도포하고, 2차 도포에서 꼼꼼하게 마무리 도포한다. 흰머리가 전체적으로 나있을 때는 앞머리부터 등분의 순서에 입각한 도포가 되도록 1차 도포 후 다시금 전체적으로 2차 도포한다. 1차 도포에 90% 도포가 되도록 하고,

나머지 10%는 2차 도포로 마무리한다. 전체 도포시 3차 도포를 하기도 하는데, 이때 1차 도포는 앞머리와 전체적인 표면의 머리를 먼저 빠르게 바른 후 2차 도포부터 등분의 순서에 입각한 도포가 되게 하며, 마무리로 꼼꼼히 세로 섹션을 이용하여 3차 도포한다.

부분 흰머리의 경우라도 2차 도포에 의해 전체적으로 마무리를 해야 하는 이유는 염색의 색상이 하나로 통일되게 해야 하기 때문이다. 또 다른 이유는 부분 백모일지라도 머리 전체에 조금씩 분포되어 있는 흰머리가 있는 것이 일반적이기 때문이다.

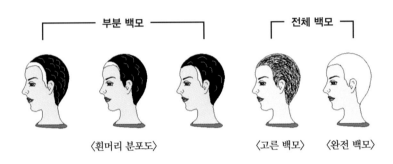

〈흰머리 분포도〉　　　　　　　　〈고른 백모〉　　〈완전 백모〉

❷ 백모 염색의 리터치

리터치(Retouch)란 수정한다는 의미이다. 미용에서는 다시 만진다는 뜻으로 모발 염색에서 염색한 부분과 다시 자란 모발의 색상을 맞추기 위해 컬러를 입히는 것을 말한다. 백모의 리터치는 검정색 모발의 리터치와 멋내기 색상의 리터치가 있다. 검정 모발의 경우 자라나온 백모를 검정색으로 도포한다. 이때 자라나온 부분과 기존 모발의 경계 부분은 0.5~1cm 정도를 겹치게 해 경계선의 염색이 덜 되는 부분이 없도록 해야 한다.

멋내기 색상을 한 상태에서 백모가 자랐을 경우 기존 멋내기 색상을 조제한 후 조제색을 바른다. 이때에도 백모와의 경계선을 자연스럽게 하기 위해 기존 염색된 모발을 0.5~1cm 정도 겹쳐 바른다. 백모 염색의 리터치는 검정 모발일 때에는 크게 문제되는 것이 없으나, 백모를 없애면서 멋내기로 처리한 색상의 경우는 멋내기 색상의 조제를 전과 동일하게 해야 하기 때문에 이전 조제색의 비율을 알아두어야 한다.

백모를 없애면서 밝은 색의 멋내기 색을 원할 경우 백모를 완전히 잡을 수 있는 색상이면서 밝은 톤이 나올 수 있는 지를 정확하게 알아야 한다. 조제 기술이나 염색약액의 우수성에 의해 백모를 없애면서 밝은 컬러를 할 수는 있으나, 조제 기술의 난이도와 제품 선택을 잘 찾아야 한다. 일반적으로는 어두운 갈색이나 붉은 톤 계열의 밝은 색이 대부분이며, 밝은 갈색일 때 백모를 완전히 없애지 못한 경우가 많다.

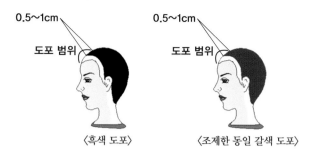

〈흑색 도포〉   〈조제한 동일 갈색 도포〉

❸ 일반모 리터치 염색의 도포

일반모의 리터치는 새로 자란 모발(신생부)을 기존 염색된 모발(기염부)의 색상으로 맞추어야 하는 것을 말한다. 기존 염색된 모발의 색과 동일하게 하는 경우가 일반적이지만 모발의 색상을 기존 색에 더해서 바꿀 수 있을 때는 모발의 색상을 바꿀 수도 있다. 예를 들면 노란색의 모발이었는데 새로 자란 모발과 노란색의 모발을 오렌지색으로 하는 경우이다. 이러한 때에는 새로 자란 모발에 오렌지색으로 나올 수 있는 염색제를 도포하고, 기존 노란색 모발에는 붉은 색상의 염모제를 사용하여 새롭게 자란 모발과 노란색 모발이었던 부분이 오렌지색으로 전체 통일되게 한다.

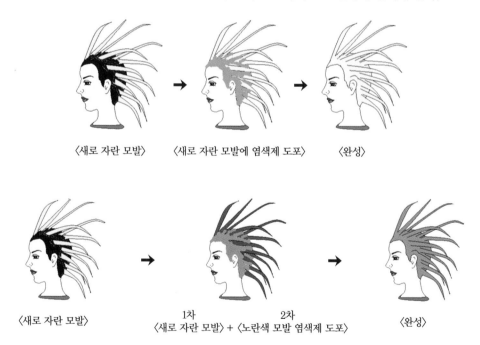

〈새로 자란 모발〉   〈새로 자란 모발에 염색제 도포〉   〈완성〉

〈새로 자란 모발〉
1차   2차
〈새로 자란 모발〉 + 〈노란색 모발 염색제 도포〉   〈완성〉

❹ 멋내기 버진 헤어의 도포

버진 헤어란 모발에 화학적인 시술이 없었던 모발을 말한다.

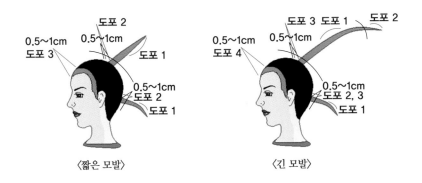

〈짧은 모발〉　　　　〈긴 모발〉

❺ 브리치 후 염색의 도포

일반모의 브리치 후 염색은 기존 염색 색상을 바꾸고자 할 때 이루어지게 된다. 새로 자란 모발이 없을 경우와 새로 자란 모발이 있을 경우로 나누어 살펴볼 수 있다.

새로 자란 모발이 없을 경우는 전체 모발을 한꺼번에 탈색한 후 다른 색을 입힐 수 있지만 이때에도 두피의 열을 감안한 탈색이 되어야 한다. 즉, 두피에서 0.5cm 정도는 나중에 발라주어 두피에 머무는 시간을 적게 하고 탈색제 자체의 양도 두피에 남아 있지 않게 해야 한다.

새로 자란 모발이 있을 경우에는 기존 염색된 모발의 탈색을 먼저 하여 색상이 원활하게 나오게한 후 다시 선택한 원하는 색상을 입히게 된다. 이때 자란 모발의 길이에 따라 염색 방법을 달리한다. 자란 모발이 1cm 이내일 경우는 탈색된 모발에 원하는 색으로 바른 후 새로 자란 모발을 바른다. 이때 탈색된 모발에 입히는 색과 새로 자란 모발에 입히는 색이 다를 수 있지만 완성된 색상은하나의 색상이 되게 해야 한다. 예를 들면 기존에 녹색 모발이었는데 주황색으로 하고 싶은 경우새로 자란 모발이 1cm 이상일 때라면 1차로 녹색 모발의 탈색, 2차로 탈색된 노란색 모발에 붉은색 도포, 3차로 두피에서 0.5~1cm 이하를 남긴 상태에서 탈색 전 모발까지 주황색으로 도포, 4차로 두피에서 남겨진 나머지 모발을 도포한다. 새로 자란 모발이 1cm 이하라면 1차 탈색, 2차 탈색된 모발에 붉은색, 3차에 새로 자란 모발에 주황색 도포이다.

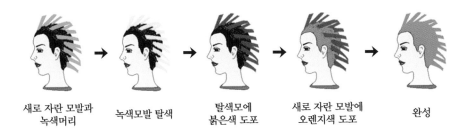

새로 자란 모발과　　녹색모발 탈색　　탈색모에　　새로 자란 모발에　　완성
녹색머리　　　　　　　　　　　　붉은색 도포　　오렌지색 도포

백모에서 브리치 후 염색을 하는 경우는 백모 상태에서 멋내기 색상을 했을 때와 다시 자란 백모와 이전 멋내기 색상이 있는 상태에서 다른 색을 원하는 때이다. 즉, 자라난 백모와 기존 멋내기한 색상에 대해 다른 색으로 동일하게 통일된 색상을 내고자 할 때이다. 예를 들면 갈색으로 멋내기 된 색상을 오렌지색으로 하고자 할 경우이다. 이때는 갈색을 지우는 탈색을 한 후 노란색으로 탈색된 모발에 붉은색을 도포하여 오렌지색으로 표현하고, 백모가 잡히는 오렌지색을 새로 자란 모발에 도포하여 전체가 동일한 오렌지색이 나오도록 한다. 두피 쪽 새로 자란 백모는 흰머리가 잡히는 오렌지색을 그대로 도포한다. 백모는 두피의 열에 의해 밝은 오렌지색으로 표현되지 않기 때문에 그대로 도포되어도 된다.

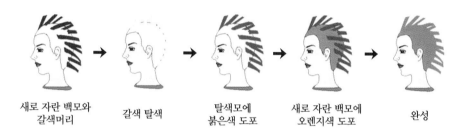

새로 자란 백모와   갈색 탈색   탈색모에   새로 자란 백모에   완성
갈색머리   붉은색 도포   오렌지색 도포

« 염색 도포 시 브러시의 각도

❶ 0도 각도

브러시가 모발을 잡은 스트랜드에 눕혀진 형태로 염색제의 양을 많이 묻혀야 할 때 사용된다.

❷ 45도 각도

브러시가 스트랜드에 사선이 된 형태로 모발과 브러시 사이의 각이 45도 정도인 경우이다. 일반적으로 많이 사용되는 각도로 염색제의 양을 일정하고 고르게 묻혀야 할 때 사용된다.

❸ 90도 각도

브러시가 스트랜드에서 세워진 형태로 염색제의 양을 조금 묻혀야 할 때 주로 사용된다. 두피 쪽의 염색이 잘 되는 부분과 두피에 염색제를 묻히지 않으면서 해야 할 경우에 주로 사용된다. 스트랜드의 각도를 들면서 브러시를 90도로 하며 페이스 라인이나 피부와 접한 부분의 모발 염색에 주로 사용되는 각도이다.

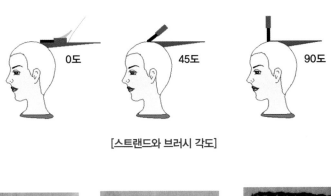

[스트랜드와 브러시 각도]

90도

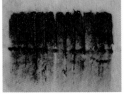

45도

15도 이하

[브러시 각도에 따른 염모제 도포 범위]

《 염모제 도포량

염모제의 도포량은 모발에 얼마만큼의 염색제를 묻혀 놓아야 하는지에 대한 것이다. 모발의 어떤 부분은 염모제를 많이 묻히고 어떤 부분은 염모제를 적게 묻혀도 되는지를 알아야 하며, 같은 위치에서 염모제의 도포량이 다를 때는 모발에 얼룩이 생기기 쉽다. 염색 시술 경험이 적은 사람일 경우 고른 도포가 되지 않아 모발에 얼룩을 지게 하는데 브러시의 각도를 숙지한 후 모발 도포량을 파악한다면 좀 더 손쉬운 염색 시술이 될 것이다.

염색이 잘 되지 않을 것 같은 부분은 염색제를 더 많이 도포하고 염색이 잘 될 것 같은 부분은 염색제를 조금 도포해도 되지만, 보통 그 부분이 어떤 부분인지를 정확히 모르는 경우가 일반적이다. 가장 기본적인 것은 두피 쪽은 염색이 쉽게 되는 부분으로 멋내기일 때에는 염색제의 도포량이 그리 많지 않아도 되지만, 백모일 때에는 그 반대로 도포의 양을 충분히 하여 완벽하게 염색이 되게 해야 한다. 또한 지성모나 발수성모, 강한 경모 등에는 염색제 도포 양을 많게 하는 것이 바람직하며, 손상모는 염색제의 도포 양을 적게 하는 것이 일반적이다.

❶ 버진 헤어의 멋내기 염색일 때

모발 전체에 도포하게 되는데 이때에는 전체적인 표면의 색상이 달라진 것이 바로 표현되어야 하기 때문에 모발의 중심부가 더 도포되게 된다. 두피 쪽은 염색이 쉽게 되는 부분으로 염색제 양을 적게 해도 되지만 새로 자라나올 모발과 멋내기한 염색제와의 선명한 경계선이 덜 지게 하기 위해 염색제 도포 양을 적당히 조절할 필요가 있다.

❷ 리터치와 모발 끝부분이 밝을 때

모발 끝부분은 기존 염색이 탈색이 되어 제 색상을 잃어버린 경우가 많으므로 새로 자란 모발과 동시에 전체 염색을 해야 할 때가 있다. 새로 자란 모발에는 염색제의 도포 양을 많이 하고, 염색된 부분과 새로 자란 모발 사이에는 염색제 도포량을 조금 줄이며, 기존 염색이 된 부분은 염색제 도포량을 아주 조금만 하고, 모발 끝부분은 탈색된 부분을 고려해 염색된 모발의 도포량 보다는 조금 더 많이 한다.

❸ 백모일 때

새로 자란 백모만 할 경우에는 도포량을 많이 하면서 새로 자란 모발과 기존 모발 사이의 도포량은 적당하게 하여 연결시킨다. 기존 모발색이 백모의 멋내기일 경우는 전체적으로 염색을 해야 한다. 새로 자란 모발에는 도포량을 많게 하고 연결되는 부분부터 기존 염색되어 있는 부분은 염색량을 적게 하여 도포한다.

« 염색 시간

❶ 버진 헤어의 염색 시간

자연 모발 색상보다 밝게 염색을 하고 싶을 때의 염색 시간은 모발의 길이에 따라 달라진다. 짧은 모발일 때는 1차로 두피에서 0.5~1cm 떨어진 모발을 염색제로 도포하여 15~20분 방치한 후, 2차로 두피에서 모발 끝까지 전체적으로 도포하여 10~15분 정도 둔다. 총 25~35분 정도의 방치 시간이 있게 되는데 이때 두피 부분의 염색은 10~15분 정도면 완성이 된다는 사실도 알아야 한다. 1차 도포에서 염색제를 적당량 발라 기본적인 색조를 만든 후, 2차 도포에서 두피에서 모발 끝까지 전체적으로 발라 1차에 도포된 부분까지 한 번 더 도포되어 꼼꼼하게 채워지는 색상이 되도록 한다.

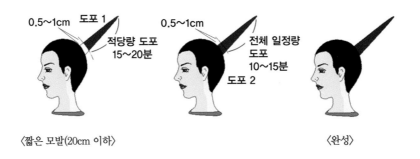

〈짧은 모발(20cm 이하)〉　　　　　　　　　　　　　　　　　〈완성〉

　　모발이 긴 경우는 1차로 중간 부분의 모발을 10~15분 정도 도포한다. 2차로 모발 끝부분(5cm 이내)을 도포하여 10~15분 방치한다. 이어서 3차로 두피에서 모발 끝까지 전체적으로 도포하여 10~15분 둔다. 이렇게 하여 총 30~45분 정도면 완성이 된다. 모발 끝을 1차가 아닌 2차 도포로 하는 것은 전체적인 모발의 색을 먼저 변화시키기 위해서이다. 즉, 모발 끝은 염색이 잘 되지 않는 부분이기도 하면서 모발의 탈색이나 영양이 잘 가지 않아서 손상이 되어 있는 곳이라 염색에 큰 무리가 없기 때문에 2차 도포를 하는 것이다. 1차와 2차 도포는 적당량을 미리 발라 두는 정도로 하고 마지막 3차 도포할 때 1차와 2차 도포한 곳에 전체적으로 한 번 더 도포하여 꼼꼼한 염색이 되게 한다. 단, 두피 부분은 다시 바르지 않아도 된다.

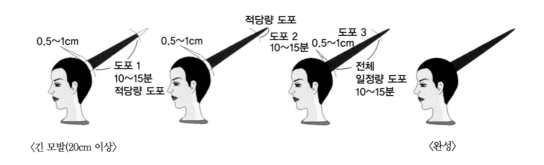

〈긴 모발(20cm 이상)〉　　　　　　　　　　　　　　　　　　〈완성〉

❷ 백모의 염색 시간

　　전체 백모의 염색 시간이나 새로 자란 백모의 염색 시간은 대략 30~40분 정도이다. 새치 염색일 때에는 3분 염색이나 5분 염색제를 쓰는 경우도 많은데 이는 멋내기일 때보다 좀 더 단순한 색상으로 표현할 때에 사용한다. 단, 젊은 층은 백모일지라도 스피드 염색의 색상이 너무 어둡게 표현되기 때문에 원치 않는 경우가 많고, 그 외 노년층과 남성들은 스피드 염색의 편리성을 선호하는 편이다.

〈원터치 도포〉

〈백모의 리터치〉

❸ 일반모 리터치의 염색 시간

일반모의 염색 시간은 30~35분 정도이며, 리터치의 경우 두피에서 1cm이하일 때는 20~25분 정도이다. 두피에서 1cm 이상 자랐을 때에는 두피에서 1cm 이상의 모발에 대해 1차로 염색제를 도포하여 5~10분 정도 방치한 후, 2차로 두피에서 1cm정도 남겨진 모발을 도포하여 20~25분 정도 더 방치한다. 보통 이론상으로는 두피에서 1~2cm 새로 자란 모발일 때 바로 원터치로 처리해도 된다고 하지만 실제 상황에서는 1cm의 범위를 벗어나면 두피쪽 색상과 1cm를 벗어난 색상의 차이를 확연히 느낄 때가 많다. 따라서 백모를 제외한 멋내기 뿌리 염색의 경우에는 1cm를 기준으로 도포되게 하는 것이 바람직하다.

〈원터치 도포〉

〈투터치 도포〉

❹ 연화(프리 소프트닝) 시간

염색이 잘 되지 않을 것 같은 모발을 염색 전에 미리 염색하기 좋은 모발로 만드는 과정을 연화라고 한다. 일반적으로 굵은 경모나 뻣뻣한 백모, 염색이나 펌을 전혀 하지 않은 상태의 버진 헤어 등이 해당되는데 연화로 염색 전에 미리 산화제(6%)를 모발에 발라 둔다. 이때 자연 방치보다

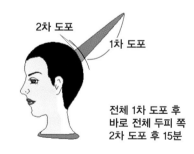

전체 1차 도포 후 바로 전체 두피 쪽 2차 도포 후 15분

는 15분 정도 열처리를 하는 것이 일반적이며, 연화가 끝나면 희망 염모제를 조제하여 염색을 하게 된다.

❺ 브리치의 방치 시간

모발을 전체 브리치하는 경우와 모발이 자란 부분(신생부)을 제외한 기존 염색이 되어 있는 부분(기염부)만을 브리치 하는 경우가 일반적이다. 모발의 브리치는 모발 손상은 물론 모발의 얼룩이 쉽게 나타나게 되기도 한다.

기존 염색이 되어 있던 부분의 염색제가 1가지 톤으로 반복되었다면 얼룩의 정도가 심하지 않지만 기존 염색이 어두운 색상과 섞여 있다면 브리치에서 그 얼룩이 확연하게 나타나게 된다. 브리치 후 어두운 색상으로 표현하고자 할 때는 큰 무리가 없으나, 대부분 브리치를 하는 이유가 밝은 색상을 표현하고자 하는 경우가 많기 때문에 주의할 필요가 있다. 이때 기존 어두운 색상이 브리치로 인해 어느 정도 빠지는가에 따라 밝은 색상을 잘 표현할 수 있을 지가 결정된다.

브리치 시간은 산화제를 어떤 것으로 하는가에 따라 달라지기도 하고, 모발의 상태에 따라서도 방치 시간이 달라진다. 보통 산화제의 사용은 6%를 사용하고 기본적인 시간은 20분 정도이나 기존 염색의 색상에 따라 5~40분까지 다양하다. 브리치제를 바르면서 바로 탈색이 되는 모발이 있는가 하면 기존 염색제가 흑색이어서 40분을 소요하고도 탈색이 되지 않는 모발도 있다. 이때에는 두피에서 떨어진 모발이라면 산화제 볼륨을 높여 다시 한 번 탈색을 시도하거나 열처리에 의존한 탈색을 시도하기도 하는데 주의해야 할 것은 오래 두었다고 해서 탈색이 계속적으로 되지는 않는다는 것이다. 40분 이상의 방치는 모발의 손상만 초래할 뿐이므로 샴푸 후 다시 탈색을 시도하는 것이 바람직하다. 두피 쪽의 모발 탈색은 염색과 마찬가지로 가장 나중에 하게 되며, 방치 시간을 오래두지 않아야 한다. 단 5~10분 정도가 되면 두피 쪽은 먼저 탈색이 이루어지므로 탈색제가 두피에 닿지 않도록 90도 각도로 들어서 탈색제를 발라야 한다.

❻ 염색 완성도 확인

염색 완성도를 확인하는 과정도 중요하다. 일정 시간이 지난 다음 염색이 정확하게 되었는지를 확인한 후 샴푸를 해야 한다. 백모의 경우는 백모가 가장 많았던 부분을 살펴보아야 하며, 멋내기의 경우는 두피 부분은 물론 전체적으로 모발 끝까지 살펴보아야 한다. 확인 방법은 염색제를 제거했을 때의 모발의 색상을 파악하면 된다. 이때 경험자는 꼬리빗으로 특정 부분의 염색제를 없앤 후 육안으로 확인할 수 있지만, 초보자는 몇 가닥의 모발을 잡아 직접 티슈로 닦은 후 확인하는 것이 좋다.

« 염색 도포 시 브러시에 적용되는 힘의 세기

힘의 세기란 시술자가 모발에 염색제를 도포할 때 브러시에 가해지는 힘을 말한다. 시술이 서툴 경우 무조건적인 강한 힘에 의해 모발 손상은 물론 모발의 색상에도 영향을 미칠 수 있다. 경모 등의 강한 모발은 센 힘이 적용되어도 되지만 손상모는 브러시를 잡은 손은 물론 손목의 힘까지 거의 뺀 상태에서 브러시에 의한 도포가 이루어져야 한다. 손상모에 힘을 가하면서 염색제를 도포하면 모발에 늘어짐을 주면서 더 큰 손상을 줄 수 있다.

힘을 브러시에 가해야 할 경우	지성모, 발수성모, 강한 경모
힘을 적당히 가해야 할 경우	적당한 건강모
힘을 빼야 할 경우	손상모

자연모의 명도 맞추기

1. 자연모의 명도

　자연모의 명도란 모발의 색상에 대해 밝고 어두운 정도를 살펴 색채계의 명도(Value) 개념을 이용해서 숫자로 표시한 것으로 레벨(Level)이라고도 부른다. 일반적으로 10단계로 나누어 가장 밝은 모발 단계를 10레벨이라고 하고 가장 어두운 흑색을 1레벨이라고 한다. 레벨 10은 자연모에는 거의 없는 색상으로 매우 밝은 황갈색이다. 염모제 제조업체마다 명도의 차이는 약간 다르지만 비슷한 경향을 가지고 있다. 한국인은 레벨 2~3 정도가 일반적이며, 서양인의 밝은 모발은 보통 레벨 7 정도이다. 동양인의 전체적인 레벨은 여성은 레벨 3~4 정도이고, 남성은 레벨 2 정도로 보고 있다. 명도 체계는 동양인은 레벨 4로 하고, 서양인은 레벨 7로 해서 정하고 있다.

10레벨(level)	매우 밝은 황갈색(아주 아주 밝은 황갈색)
9레벨(level)	아주 밝은 황갈색
8레벨(level)	밝은 황갈색
7레벨(level)	황갈색
6레벨(level)	어두운 황갈색
5레벨(level)	밝은 갈색
4레벨(level)	갈색
3레벨(level)	어두운 갈색
2레벨(level)	아주 어두운 갈색
1레벨(level)	흑색

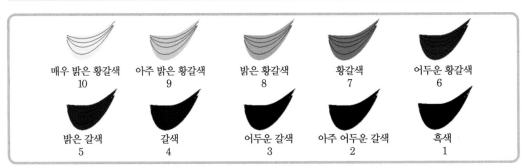

매우 밝은 황갈색	아주 밝은 황갈색	밝은 황갈색	황갈색	어두운 황갈색
10	9	8	7	6
밝은 갈색	갈색	어두운 갈색	아주 어두운 갈색	흑색
5	4	3	2	1

2. 자연모 명도 맞추기

모발의 밝기인 명도를 맞추어주는 것은 자연모가 가지고 있는 레벨을 파악한 후 원하는 색상의 명도를 어떻게 맞추어야 하는가에 대한 것이다. 레벨 3의 자연 모발을 가진 사람이 레벨 7의 모발을 원할 경우 어떻게 원하는 명도를 맞추어야 하는지를 알아야 하는 것은 염색의 기술이다. 또한 1 레벨의 자연모를 9레벨의 명도로 맞추는 것은 어떻게 해야 하는지 등 원하는 레벨과 자연모가 가지고 있는 레벨의 차이를 이해하고 그 차이를 어떻게 맞추어 주어야 하는지를 알아야 염색 기술의 폭을 넓힐 수 있다.

이론상으로는 '염모제의 명도 = 희망 레벨 × 2 – 자연모 레벨'이지만 밝은 모발에서는 염모제의 사용을 그대로 했을 때 바로 원하는 결과를 얻을 수 있다. 즉, 자연 모발이 어두운 경우에는 이론상의 레벨 계산법이 적용되지만 밝은 모발일 경우에는 이론상의 계산이 아닌 제품이 가지는 고유의 레벨이 그대로 적용된다.

10레벨(매우 밝은 황갈색)이 원하는 모발 레벨	염모제
10레벨이 1레벨 모발을 원할 때	1레벨 염모제(흑색)
10레벨이 2레벨 모발을 원할 때	2레벨 염모제(아주 어두운 갈색)
10레벨이 3레벨 모발을 원할 때	3레벨 염모제(어두운 갈색)
10레벨이 4레벨 모발을 원할 때	4레벨 염모제(갈색)
10레벨이 5레벨 모발을 원할 때	5레벨 염모제(밝은 갈색)
10레벨이 6레벨 모발을 원할 때	6레벨 염모제(어두운 황갈색)
10레벨이 7레벨 모발을 원할 때	7레벨 염모제(황갈색)
10레벨이 8레벨 모발을 원할 때	8레벨 염모제(밝은 황갈색)
10레벨이 9레벨 모발을 원할 때	9레벨 염모제(아주 밝은 황갈색)

9레벨(아주밝은황갈색)이 원하는 모발 레벨	염모제
9레벨이 1레벨 모발을 원할 때	1레벨 염모제(흑색)
9레벨이 2레벨 모발을 원할 때	2레벨 염모제(아주 어두운 갈색)
9레벨이 3레벨 모발을 원할 때	3레벨 염모제(어두운 갈색)
9레벨이 4레벨 모발을 원할 때	4레벨 염모제(갈색)
9레벨이 5레벨 모발을 원할 때	5레벨 염모제(밝은 갈색)
9레벨이 6레벨 모발을 원할 때	6레벨 염모제(어두운 황갈색)

9레벨이 7레벨 모발을 원할 때	7레벨 염모제(황갈색)
9레벨이 8레벨 모발을 원할 때	8레벨 염모제(밝은 황갈색)
9레벨이 10레벨 모발을 원할 때	10레벨 염모제(매우 밝은 황갈색) 산화제 연화 후 염모제 사용

8레벨(밝은 황갈색)이 원하는 모발 레벨	염모제
8레벨이 1레벨 모발을 원할 때	1레벨 염모제(흑색)
8레벨이 2레벨 모발을 원할 때	2레벨 염모제(아주 어두운 갈색)
8레벨이 3레벨 모발을 원할 때	3레벨 염모제(어두운 갈색)
8레벨이 4레벨 모발을 원할 때	4레벨 염모제(갈색)
8레벨이 5레벨 모발을 원할 때	5레벨 염모제(밝은 갈색)
8레벨이 6레벨 모발을 원할 때	6레벨 염모제(어두운 황갈색)
8레벨이 7레벨 모발을 원할 때	7레벨 염모제(황갈색)
8레벨이 9레벨 모발을 원할 때	10레벨 염모제(매우 밝은 황갈색)
8레벨이 10레벨 모발을 원할 때	10레벨 염모제(매우 밝은 황갈색) 산화제 연화 후 염모제 사용

7레벨(황갈색)이 원하는 모발 레벨	염모제
7레벨이 1레벨 모발을 원할 때	1레벨 염모제(흑색)
7레벨이 2레벨 모발을 원할 때	2레벨 염모제(아주 어두운 갈색)
7레벨이 3레벨 모발을 원할 때	3레벨 염모제(어두운 갈색)
7레벨이 4레벨 모발을 원할 때	4레벨 염모제(갈색)
7레벨이 5레벨 모발을 원할 때	5레벨 염모제(밝은 갈색)
7레벨이 6레벨 모발을 원할 때	6레벨 염모제(어두운 황갈색)
7레벨이 8레벨 모발을 원할 때	9레벨 염모제(아주 밝은 황갈색)
7레벨이 9레벨 모발을 원할 때	10레벨 염모제(매우 밝은 황갈색) 산화제 연화 후 염모제 사용
7레벨이 10레벨 모발을 원할 때	10레벨 염모제(매우 밝은 황갈색) 산화제 연화 후 염모제 사용

자연 레벨 이하의 어두운 레벨은 염모제 레벨 그대로 적용하며, 자연 레벨보다 밝게 해야 할 경우 레벨을 1~2단계씩 높여 원하는 모발색을 맞추어야 한다.

6레벨(어두운 황갈색)이 원하는 모발 레벨	염모제
6레벨이 1레벨 모발을 원할 때	1레벨 염모제(흑색)
6레벨이 2레벨 모발을 원할 때	2레벨 염모제(아주 어두운 갈색)
6레벨이 3레벨 모발을 원할 때	3레벨 염모제(어두운 갈색)
6레벨이 4레벨 모발을 원할 때	4레벨 염모제(갈색)
6레벨이 5레벨 모발을 원할 때	5레벨 염모제(밝은 갈색)
6레벨이 7레벨 모발을 원할 때	8레벨 염모제(밝은 황갈색)
6레벨이 8레벨 모발을 원할 때	10레벨 염모제(매우 밝은 황갈색)
6레벨이 9레벨 모발을 원할 때	10레벨 염모제(매우 밝은 황갈색) 산화제 연화 후 염모제 사용
6레벨이 10레벨 모발을 원할 때	10레벨 염모제(매우 밝은 황갈색) 탈색 6% 1회 사용 후 염모제 사용

5레벨(밝은 갈색)이 원하는 모발 레벨	염모제
5레벨이 1레벨 모발을 원할 때	1레벨 염모제(흑색)
5레벨이 2레벨 모발을 원할 때	2레벨 염모제(아주 어두운 갈색)
5레벨이 3레벨 모발을 원할 때	3레벨 염모제(어두운 갈색)
5레벨이 4레벨 모발을 원할 때	4레벨 염모제(갈색)
5레벨이 6레벨 모발을 원할 때	7레벨 염모제(황갈색)
5레벨이 7레벨 모발을 원할 때	9레벨 염모제(아주 밝은 황갈색)
5레벨이 8레벨 모발을 원할 때	10레벨 염모제(매우 밝은 황갈색) 산화제 연화 후 염모제 사용
5레벨이 9레벨 모발을 원할 때	10레벨 염모제(매우 밝은 황갈색) 탈색 6% 1회 사용 후 염모제 사용
5레벨이 10레벨 모발을 원할 때	10레벨 염모제(매우 밝은 황갈색) 탈색 6% 2회 반복 사용 후 염모제 사용

4레벨(갈색)이 원하는 모발 레벨	염모제
4레벨이 1레벨 모발을 원할 때	1레벨 염모제(흑색)
4레벨이 2레벨 모발을 원할 때	2레벨 염모제(아주 어두운 갈색)
4레벨이 3레벨 모발을 원할 때	3레벨 염모제(어두운 갈색)

4레벨이 5레벨 모발을 원할 때	6레벨 염모제(어두운 황갈색)
4레벨이 6레벨 모발을 원할 때	8레벨 염모제(밝은 황갈색)
4레벨이 7레벨 모발을 원할 때	10레벨 염모제(매우 밝은 황갈색)
4레벨이 8레벨 모발을 원할 때	10레벨 염모제(매우 밝은 황갈색) 산화제 연화 후 염모제 사용
4레벨이 9레벨 모발을 원할 때	10레벨 염모제(매우 밝은 황갈색) 탈색 6% 1회 후 염모제 사용
4레벨이 10레벨 모발을 원할 때	10레벨 염모제(매우 밝은 황갈색) 탈색 6% 2회 반복 후 염모제 사용

3레벨(어두운 갈색)이 원하는 모발 레벨	염모제
3레벨이 1레벨 모발을 원할 때	1레벨 염모제(흑색)
3레벨이 2레벨 모발을 원할 때	2레벨 염모제(아주 어두운 갈색)
3레벨이 4레벨 모발을 원할 때	5레벨 염모제(밝은 갈색)
3레벨이 5레벨 모발을 원할 때	7레벨 염모제(황갈색)
3레벨이 6레벨 모발을 원할 때	9레벨 염모제(아주 밝은 황갈색)
3레벨이 7레벨 모발을 원할 때	10레벨 염모제(매우 밝은 황갈색) 산화제 연화 후 염모제 사용
3레벨이 8레벨 모발을 원할 때	10레벨 염모제(매우 밝은 황갈색) 탈색 6% 1회 후 염모제 사용
3레벨이 9레벨 모발을 원할 때	10레벨 염모제(매우 밝은 황갈색) 탈색 6% 2회 반복 후 염모제 사용
3레벨이 10레벨 모발을 원할 때	10레벨 염모제(매우 밝은 황갈색) 탈색 6% 3회 반복 후 염모제 사용

2레벨(아주 어두운 갈색)이 원하는 모발 레벨	염모제
2레벨이 1레벨 모발을 원할 때	1레벨 염모제(흑색)
2레벨이 3레벨 모발을 원할 때	4레벨 염모제(갈색)
2레벨이 4레벨 모발을 원할 때	6레벨 염모제(어두운 황갈색)
2레벨이 5레벨 모발을 원할 때	8레벨 염모제(밝은 황갈색)
2레벨이 6레벨 모발을 원할 때	10레벨 염모제(매우 밝은 황갈색)

2레벨이 7레벨 모발을 원할 때	10레벨 염모제(매우 밝은 황갈색) 산화제로 연화 후 염모제 사용
2레벨이 8레벨 모발을 원할 때	10레벨 염모제(매우 밝은 황갈색) 탈색 6% 1회 후 10레벨 염모제 사용
2레벨이 9레벨 모발을 원할 때	10레벨 염모제(매우 밝은 황갈색) 탈색 6% 2회 반복 후 염모제 사용
2레벨이 10레벨 모발을 원할 때	10레벨 염모제(매우 밝은 황갈색) 탈색 6% 3회 반복 후(9% 탈색제 사용 1~2회) 염모제 사용

1레벨(흑색)이 원하는 모발 레벨	염모제
1레벨이 2레벨 모발을 원할 때	3레벨 염모제(어두운 갈색)
1레벨이 3레벨 모발을 원할 때	5레벨 염모제(밝은 갈색)
1레벨이 4레벨 모발을 원할 때	7레벨 염모제(황갈색)
1레벨이 5레벨 모발을 원할 때	9레벨 염모제(아주 밝은 황갈색)
1레벨이 6레벨 모발을 원할 때	9레벨 염모제(아주 밝은 황갈색) 산화제로 연화 후 염모제 사용
1레벨이 7레벨 모발을 원할 때	10레벨 염모제(매우 밝은 황갈색) 탈색 6% 1회 후 염모제 사용
1레벨이 8레벨 모발을 원할 때	10레벨 염모제(매우 밝은 황갈색) 탈색 6% 2회 반복 후 염모제 사용
1레벨이 9레벨 모발을 원할 때	10레벨 염모제(매우 밝은 황갈색) 탈색 6% 3회 반복 후 염모제 사용
1레벨이 10레벨 모발을 원할 때	10레벨 염모제(매우 밝은 황갈색) 탈색 6% 3회 반복 후(9% 탈색제 사용 2회) 염모제 사용

3. 염모제 혼합 시 레벨

색의 혼합은 명도와 채도의 변화를 의미한다. 자연 모발의 경우 기여 색소를 정확히 알고 색을 혼합하는 것이 좋다.

레벨	1	2	3	4	5	6	7	8	9	10
색소량	10	9	8	7	6	5	4	3	2	1

》 염모제 혼합 결과 레벨

3레벨 염모제와 9레벨 염모제를 1:2로 혼합하면 3레벨의 색소량 8과 9레벨의 색소량 2의 2배인 색소량 4가 되어 총 12개의 색소이다. 염모제 비율이 1:2로 비율 자체는 3이므로 색소량 12를 비율 3으로 나누면 색소량이 4가 되며, 4의 색소량을 갖는 레벨은 7레벨이 된다.

》 사용하는 염모제 명도

사용해야 하는 염모제의 레벨은 희망하는 레벨에 2배를 한 후 거기에서 자연모 레벨을 빼는 것이다. 자연모가 5레벨이며 희망 레벨이 7일 경우 사용해야 할 염모제의 명도는 (7×2)−5=9이다. 따라서 사용해야 하는 염모제는 9레벨이다.

》 사용 염모제 색상 결과

색상의 결과 레벨은 자연모 레벨에 사용한 염모제 레벨을 더한 후 2로 나눈 값이다. 5레벨의 자연모에 9레벨의 염모제를 사용하였을 경우 7레벨이 된다.

Chapter 3

탈색 레벨

1. 탈색 레벨의 이해

　탈색이란 색을 없애는 것으로 모발이 가지고 있는 색소를 빼는 것을 말한다. 모발 색소들을 분산시키면서 어두운 단계에서 밝은 단계로 변화시키는 단계에서 나타나는 색소에 의한 색의 밝은 정도를 기준으로 탈색 레벨 등급을 표현한다. 탈색 레벨은 1단계부터 10단계로 분류되며, 어두운 붉은색에서 시작하여 오렌지색을 거쳐 노랑색으로 변한다.

10단계	아주 밝은 노란색
9단계	밝은 노란색
8단계	노란색
7단계	오렌지 빛 노란색
6단계	오렌지색
5단계	붉은 빛 오렌지색
4단계	매우 밝은 붉은색
3단계	밝은 붉은색
2단계	붉은색
1단계	어두운 붉은색

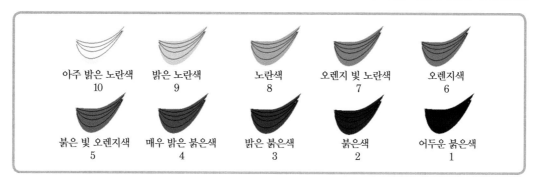

| 아주 밝은 노란색 10 | 밝은 노란색 9 | 노란색 8 | 오렌지 빛 노란색 7 | 오렌지색 6 |
| 붉은 빛 오렌지색 5 | 매우 밝은 붉은색 4 | 밝은 붉은색 3 | 붉은색 2 | 어두운 붉은색 1 |

일반적인 모발의 경우 탈색되어지는 단계는 5단계로 이루어진다. 1단계가 흑색이나 어두운 갈색, 2단계가 붉은 빛 갈색, 3단계가 오렌지 빛 노랑, 4단계가 밝은 노란색, 5단계가 아주 밝은 노란색이다.

5단계	아주 밝은 노란색
4단계	밝은 노란색
3단계	오렌지 빛 노란색
2단계	오렌지 빛 갈색
1단계	흑색, 어두운 갈색

아주 밝은 노란색 5 · 밝은 노란색 4 · 오렌지 빛 노란색 3 · 오렌지 빛 갈색 2 · 흑색, 어두운 갈색 1

2. 원하는 색조를 위한 탈색

원하는 색조를 얻기 위한 블리치 레벨은 원하는 컬러보다 1~2레벨 밝게 바탕색을 만드는 것이 좋다. 10레벨을 기준으로 금빛은 탈색 레벨 8~9, 구릿빛은 탈색 레벨 6~7, 적색은 탈색 레벨 5~6일 때 좋은 결과를 얻을 수 있다.

3. 색 교정을 위한 탈색

탈색은 두 가지로 나누어 살펴볼 수 있다. 첫 번째는 자연 모발에서 색소를 빼는 것으로 이는 멜라닌 색소의 파괴를 의미한다. 두 번째는 모발에 적용된 인공 색소인 염모제를 제거하는 탈색이다. 이때 색 교정을 위한 탈색이란 대부분 인공 색소의 색소를 교정하기 위해 이루어지는 탈색을 의미한다. 예를 들어 파란색이나 검정색상의 염모제로 염색을 했는데 다시 오렌지색으로 바꾸고 싶을 경우 모발에 있는 파란색 염모제와 검정색 염모제를 제거한 후 오렌지색의 염모제를 해야 한다. 이때 이루어지는 탈색을 색 교정을 위한 탈색이라고 할 수 있다.

Chapter 4 — 염모제 순서 시술

1. 염색 색상 선정

염색의 색상을 결정하는 것은 매우 중요한 일이다. 그러나 얼굴과 이미지에 맞는 색상의 선정도 중요하지만 고객의 선호도에 따른 색상의 결정이 더 우선시 되는 것이 사실이다. 선호하는 염색의 색상이 결정되었다면 고객의 머리 상태에 그 색상을 할 수 있는지가 결정되어야 하는데 이때 전문가적인 안목 및 경험이 바탕 되어야 한다.

고객이 선호하는 색상이 모발에 바로 적용되어 잘 표현되는 상태의 모발을 가지고 있다면 아무런 문제가 되지 않겠으나, 대부분은 기존에 사용되어진 인공 색소인 염모제가 있어서 원하는 색상을 표현하는 것이 쉬운 일만은 아니다. 일반적인 염모제의 경우는 인공 색소가 가미되지 않은 상태의 자연 모발 상태에서 색을 입혔을 때 나타나는 색상을 표현해 놓은 것이며 그것도 표본적인 상태의 모발이 기준이 되어 있다. 따라서 염색이 잘 되지 않는 모발이나 자연모의 멜라닌 색소가 보통 이상이나 이하일 때에는 동일한 방법으로 같은 색을 표현하고자 하면 색상의 표현이 어려울 수 있다.

★일반 모발 색상(3N 모발)을 자연 갈색 4N으로 표현하고자 할 경우

일반 모발– 4N 사용 시간 30분

가는 모발– 4N 사용 시간 30분, 40분(양분되어 있음)

굵은 모발– 4N 사용 시간 35분 ~ 40분

전체가 손상된 모발– 4N 사용 시간 25분 ~ 30분

★1N, 2N 모발을 자연 갈색 4N으로 표현 하고자 할 경우

2N 모발 – 4N 사용 시간 35분 ~ 40분, 5N 사용 시간 30분

1N 모발 – 4N 사용 시간 40분 ~ 50분, 5N 사용 시간 35~40분

1N, 2N 전체가 손상된 모발 – 4N 사용 시간 30분 ~ 35분

1N, 2N 모간부 끝부분만 손상된 모발 –4N 사용으로 모근부에서 0.5cm~1cm 떨어진 상태의 모간부 중간 부분을 먼저 바르고 10분정도 방치 후 모간부 끝부분 손상된 모발을 빠르게 바른 다음, 모근부에서 떨어뜨려 놓았던 0.5cm~1cm 부분을 발라준다. 다시 설명하면 일반 모발은 정해진 염모제의 사용과 시간을 지키면 되지만, 가는 모발이나 굵은 모발은 시간이 달라진다.

가는 모발은 일반 모발과 같거나 굵은 모발처럼 늦게 되는 2가지 경우로 나누어진다. 굵은 모발은 대체적으로 일반 모발보다 늦게 염색이 된다. 모발 색이 어두운 때는 시간을 조금 더 두거나 염모제 자체를 밝은 것으로 택해야 한다. 이러한 염모 기술은 염모제의 지식이나 염모제를 바르는 테크닉 만으로 이루어지는 것이 아니며, 모발 상태를 잘 알아야 표현할 수 있는 부분이다. 모발 상태에 대한 지식은 교과서에서 배운 기본적인 내용만으로는 부족한 부분이 있기 때문에 다양한 경험이 반드시 필요하다. 따라서 여러 형태의 모발에 대해 직접적인 염모제로 실험하면서 합습할 필요가 있다.

2. 염색 시술 계획

염색을 시술할 때 어떻게 할 것인지를 계획하는 것을 의미한다. 가장 먼저 염색 대상이 누구인지를 파악하고 대상에 맞는 염색의 범위를 정한 후 어떤 색으로 할 것인지를 정한다. 다음으로는 정해진 색상을 내기 위해 현재 가지고 있는 머리의 상태가 어떠한지를 알아야 한다. 그런 다음 머리 상태에 따라 고객에게 충분한 설명과 함께 색을 표현할 수 있

는 범위를 알려주어야 한다. 마지막으로 디자이너의 기술이 잘 적용되어야 한다.

《 대상 파악

염색을 할 대상이 누구인지에 따라서 염색의 색상 표현도 한정적일 수 있거나 한계성이 없을 수도 있다. 이때 대상은 연령대별, 직업별, 성별 등으로 구분할 수 있다. 연령대별인 경우 아동이 할 수 있는 염색의 범위, 청년이 할 수 있는 범위, 중년층이 할 수 있는 범위, 새치머리를 가려야 할 연령층이 할 수 있는 범위 등으로 나뉜다. 일반적으로 젊은 층이 노년층보다는 보다 자유로운 머리 색상을 할 수 있다.

직업별로는 선생님, 군인, 회사원, 공무원, 대표이사, 다양한 자영업 등이 있을 수 있다. 각 직업들은 그에 따른 문화가 있으며 머리의 색상 또한 일정 한도의 제약을 받을 수 있다. 성별에서는 크게 보면 남성보다는 여성이 머리 색상에서 좀 더 자유롭다. 따라서 다양한 머리색의 표현이 어느 범위에서 이루어져야 하는지를 시술자는 알고 있어야 할 것이다.

《 색상 정하기

대상이 정해졌다면 원하는 색상을 정해야 한다. 고객이 원하는 색상은 매우 다양하다. 이때 원색에 가까운 색상인지, 새치머리를 가리기 위한 색상인지, 기본적인 갈색 계열에서 염색약에 의해 쉽게 이루어질 수 있는 색상인지 등을 컬러리스트가 판단해야 한다.

《 머리 상태 파악

색상이 정해졌다면 그 색상을 대상의 머리에 직접 적용하여 표현이 가능한지를 파악해야 한다. 그래서 원하는 색상을 표현하기에 지나치게 부적절할 경우에는 표현되기 힘든 충분한 설명과 함께 조정해서 할 수 있는 색상의 범위를 알려주어야 한다. 또한 머릿결이 손상되는 범위도 함께 알려주어야 한다. 색상을 표현함에 있어서 색의 표현은 어느 정도 되었다 하더라고 머릿결의 손상이 지나치게 심하다면 그 머리를 오래 유지할 수 없기 때문이다.

가장 힘든 상태의 머리를 예로 들어보자. 원하는 색상이 파란색이라고 할 때 현재 머리 상태가 예전에 탈색을 한 후 원하는 머리색을 표현하고 다시 검정머리로 바꾼 상태에서 2개월 이상 지난 머리이다. 이런 경우 탈색한 머리를 다시 검정색으로 한 머리 상태가 문제가 된다. 탈색된 머리를 검정색으로 한 머리는 강한 탈색으로도 검정색이 쉽게 빠지지 않는다. 검정색으로 표현되었던 부분의 머리가 완전한 탈색이 되지 않는다면 파란머리를 표현할 수 없기 때문이다.

대상에 따라 원하는 색상을 정하고 머리 상태를 파악한 후 색상 표현을 어떻게 해야 할지 결정했다면 시술에 들어가야 한다. 시술을 할 때 제일 먼저 할 일은 머리 상태에 따른 기본적인 전처리로 가벼운 분무용 PPT나 영양처리를 하는 것이 좋다. 이때 헤어 컬러리스트 마다 조제 및 시술 방법의 차이가 나타내는데 이는 컬러 제품별로 같은 색상이라도 조금씩 다르다는 것을 경험을 통해 터득하였기 때문에 이를 활용하여 자신들만의 색 조제법이나 시술 방법을 익혀서이다.

3. 염색 조제

« 기본적인 방법

가장 기본적인 시술 방법은 제품 사용 설명서에 있는 방법대로 시술을 하는 것으로, 염모제1과 산화제1를 혼합하여 사용한다. 헤어 컬러리스트는 미세 전자저울을 사용하여 1:1을 맞추거나 육안의 안목만으로 1:1을 맞추어 사용하게 된다. 이때 염모제와 산화제의 묽기가 비슷할 때는 크게 문제가 없으나 염모제는 묽지 않은 반면 산화제가 묽을 경우에는 저울을 이용해 1:1를 맞추는 것이 더 바람직하다.

염모제의 조제는 고객 머리 두상의 크기, 머리숱, 머리 길이에 따라 양을 조절한다. 이때 오랜 경험을 가진 능숙한 숙련자가 아니면 도중에 부족할 수도 있으므로 충분한 양을 준비하는 것이 좋다. 그이유는 모자라서 같은 색상을 다시 조제할 경우 차이를 보일 수 있기 때문인데, 이를 최소화하기 위해 미세 저울을 이용한 조제를 생활화하는 것이 좋다. 저울을 이용한 조제를 하면 번거로움과 약간의 시간이 지체될 수 있지만 정확한 시술을 위해서는 안전한 방법이다.

❶ 머리 두상의 크기에 따른 양 조절

염색을 하고자 하는 고객의 두상을 파악해야 하는 부분으로, 헤어 컬러리스트는 염모제의 양을 어느 정도 해야 하는지를 확인할 수 있다. 당연히 큰 두상이 작은 두상보다 염모제의 양이 더 들어갈 수 있다는 것을 알아야 하며, 추가로 헤어라인이 어디까지 위치해 있는지도 더불어 파악해야 한다. 두상이 작더라도 헤어라인이 길게 내려져 있는 경우도 있고, 큰 두상이라도 헤어라인이 올라가 있는 경우가 있기 때문이다.

이 과정은 고객이 불편해 하지 않는 범위에서 빠르게 진행되어야 한다. 먼저 육안으로 크기를 파악한 후 손끝으로 느껴지는 두상의 크기를 재어야 하는데 이때 손의 위치는 측두부와 후두부의 돌출 정도를 살펴야 한다. 헤어라인의 파악 방법은 모발을 묶듯이 전체를 들어 올리면서 살펴보는 것이 가장 확실한 방법이다.

❷ 머리숱에 따른 양 조절

같은 두상 크기를 가지고 있더라도 모발의 밀도에 따라 염모제의 양은 큰 차이를 보인다. 두상의 크기보다 더 세밀히 머리숱을 살펴보아야 하는 이유는 숱에 의한 염모제 양의 차이가 매우 크기 때문이다.

❸ 머리 길이에 따른 양 조절

머리 두상, 머리숱 파악이 되었다면 가장 중요한 머리 길이에 따른 양의 조절이다. 가장 기본적으로는 원랭스 형태의 머리(일자형 머리)와 레이어 형태의 머리(층이진 머리)를 파악할 수 있어야 한다. 뿌리 염색의 경우에는 염색할 모발이 두피에서 얼마나 자라 나왔는지를 파악해야 하며, 파악에 의한 염모제의 양이 결정되었더라도 기존 모발과의 연결의 섬세함을 위해 결정된 염모제 보다 조금 더 조제하는 것이 양 조절에 실패가 없을 것이다.

4. 염색 시술

가장 기본적인 형태인 바르기에서부터 다양한 시술 경험에 의해 스스로 익힌 헤어 컬러리스트마다의 다양한 방법에 의해 이루어지게 된다.

《 산화제 조절에 의한 방법

일반적으로는 제품별 조제 방법에 따라 1:1를 따르게 되는데 컬러리스트에 따라 염모제를 1로 하고 산화제를 1.5배나 2배로 하는 경우가 있다. 즉, 묽게 하는 염색 방법을 택하는 방식으로 산화제의 양을 많이 해서 사용하게 된다. 헤어 컬러리스트가 경험에 의해 자기만의 시술 기법을 익힌 경우로 염모제 색상을 어떻게 선택해야하는지도 달라질 수 있다. 산화제의 양이 많으면 일반적으로 흘러내림이 쉬울 수 있어 빗질이 용이하거나 얼룩을 덜 지게 할 수 있기 때문이다.

염모제와 산화제의 비율을 1:1로 하더라도 시술 전이나 중간에 충분한 분무로 빗질을 용이하게 할 수 있다. 이 경우도 헤어 컬러리스트의 경험에 의해 익혀진 상황이라고 할 수 있다. 단, 분무의 양이 고르지 않으면 얼룩이 발생될 수도 있다.

《 시간 조절에 의한 방법

염모제의 비율과 일정한 시간이 있지만 모발에 따라 시간을 달리해야 할 때가 있다. 원래의 모발색이 밝은지 아닌지에 따라 방치 시간을 달리할 수 있다. 예를 들어 자연모가 밝은 모발색인 고객이 원래의 색보다 더 밝은 색으로 염색을 원할 경우 방치 시간을 짧게 할 수 있으며, 반대로 자연모의 색이 어두운 모발일 때에는 밝은 색으로 염색할 때 방치 시간을 더 오래 둘 수 있다. 이때에도 헤어 컬러리스트의 경험에 의해 모발 상태 파악에 의해 시간 조절의 경도가 익혀진 경우이다.

《 방치 시간의 정도 및 열에 의한 방법

선택한 모발 색을 맞추는 또다른 방법으로 원하는 색상보다 조금 밝은 색상을 선택해 방치 시간을 좀 더 짧게 하는 경우도 있다. 더 밝은 색으로 도포를 할 경우에는 방치 시간동안 그대로 두는 것이 아니라 계속적인 빗질로 확인 작업을 걸치면서 시간 체크를 하여야 한다. 이 또한 헤어 컬러리스트의 경험에 의해 익혀진 경우이다.

《 손의 힘 조절에 의한 방법

염모제를 모발에 바를 때 헤어 컬러리스트의 손과 손목의 힘에 의해 솔(빗)에 가해지는 힘도 달라지게 된다. 염모제 도포 후 지나치게 모발을 빗으로 당기면서 시술하면 모발 손상은 물론 가해지는 힘의 크기가 고르지 않을 경우 모발에 고른 도포가 힘들다. 특히 극손상 모발은 염모제 시술과 더불어 모발의 끊김이 올 수 있어 힘 조절에 신중을 기해야 한다.

« 모발 도포 양에 의한 방법

염모제 솔(빗)로 염모제를 바를 때 모발에 염모제가 얼마나 남아있도록 하는가도 중요한 포인트이다. 너무 많이 빗질을 하여 발라둔 염모제가 지나치게 제거된다면 염색이 잘 안될 것이며, 많이 남아있다면 시간은 조금 단축될 수 있으나 시간 조절이 적절하지 않으면 염모제에 의한 모발 손상을 피할 수 없을 것이다. 염모제의 양과 방치 시간에 따라 모발 손상이 올 수 있기 때문이다. 경험이 부족한 헤어 컬러리스트는 염모제를 적절히 묻히지 못한 상태에서 빗질을 하여 오히려 이전에 발랐던 염모제가 제거되어 염색이 덜 되는 경우가 많으며, 불규칙한 염모제 양에 따라 모발 전체에 얼룩을 만들 수도 있다.

« 염모제 도포 양의 비교

❶ 솔에 묻혀진 양(소량)

❷ 솔에 묻혀진 양(중량)

❸ 솔에 묻혀진 양(대량)

« **헤나 시술 방법**

헤나는 이집트가 원산지이며 인도, 네팔, 파키스탄에서도 헤나 나무가 자란다. 이 나무의 잎을 따서 말린 다음 녹색가루로 만든 것이 헤나이다. 보통 천연 염모제로 알고 있지만 100% 천연 염모제인지 그렇지 않은지에 따라 부작용도 대두되고 있으므로 선택시 주의할 필요가 있다. 처음에는 일반적인 미용실에서 많이 이용하였지만 색상의 다양화가 없고 모발 디자인에 부합하기 힘들며 수요층이 크게 많지 않아 점차 사라지게 되었다. 그러다가 염색 전문점이 생겨나면서 일반 미용실이 아닌 염색 전문점에서 주로 이용되고 있다. 시술 방법은 헤나 가루를 물에 희석하여 사용하는데 물의 농도 조절이 매우 중요하다. 시술자는 농도 조절과 바르는 방법, 방치 시간을 확실히 조절할 수 있어야 한다.

❶ 헤나 혼합 방법

헤나 가루를 미지근한 물로 희석하는 방법으로 헤나 가루 1, 물 3 정도의 비율로 섞어 농도를 맞춘다. 이때 물을 한 번에 맞추지 말고 조금씩 가루에 부으면서 섞어주는 것이 좋다. 물에 갠 천연 헤나(네츄럴 헤나)는 랩을 이용해 잘 싼 후 20~30분 후에 사용하는 것이 좋다. 인디고 헤나 계열과 케미컬 헤나 계열(컬러 헤나 계열)은 물에 갠 후 바로 사용한다. 첨가제 사용 시 부드러움은 있으나 색상이 잘 나오지 않을 수 있다.

❷ 헤나 시술 방법

머리에 유분기가 없게 한 후(샴푸 후) 타월 드라이 한 상태(20~50%의 수분 상태)에서 물에 갠 헤나를 모발에 고르게 도포한다. 한 번에 바르기를 끝내지 말고 바른 후에도 밀착시키듯 다시 발라준다. 바른 후 비닐 캡을 쓰고 열 처리를 하거나 자연 방치를 한다. 자연 방치 시에는 방치 시간을 좀 더 길게 두어야 한다. 네츄럴 헤나는 가열 30분 후 자연 방치 10분이나 자연 방치 1시간 정도로 하며, 케미컬 헤나는 가열 10~20분이나 자연 방치10~20분 정도로 하고 30분이 초과되지 않도록 한다. 초과 시는 색이 검은색에 가깝게 된다. 마지막 단계는 물로 충분히 헹군 후 약산성 샴푸로 머리를 감아준다. 시술 후 3일 정도는 모발이 헤나 여분에 의해 뻣뻣하게 느껴질 수 있다. 2~3일 정도 지나 미지근한 물로 헹구어지면 알맞은 양의 헤나만 남아 머릿결이 괜찮아진다.

Chapter 5

탈색 순서 시술

《 탈색 모발의 상태 파악

탈색을 할 때 가장 중요시 되는 것은 모발의 상태이다. 손상도가 너무 크면 탈색제를 바르는 순간 모발이 바로 끊길 수 있기 때문이다. 자연 모발인지 아닌지, 퍼머넌트 웨이브만 한 모발인지, 염색만 한 모발인지, 염색과 퍼머넌트 웨이브를 주기적으로 계속하는 모발인지, 기존에 탈색을 한 모발인지, 탈색과 염색을 주기적으로 반복해서 한 모발인지, 탈색, 염색, 퍼머넌트 웨이브를 반복해서 한 모발인지 등을 파악해야 한다. 가장 컬러리스트를 당황스럽게 하는 경우는 탈색을 여러 번 한 모발에 검정색을 입혔을 때이다. 고객이 탈색 전 이러한 모발 상태를 말하지 않으면 모발은 물론 모발의 색상을 바꾸는 것이 쉬운 일이 아니기 때문이다. 따라서 탈색을 위해서는 모발의 상태를 정확하게 파악하고 있어야 탈색에 대한 어려움이 없다.

《 탈색 모발의 범위

탈색을 할 모발의 범위를 정확하게 파악 후 탈색제의 조제가 이루어져야 한다. 부분 탈색을 할 것인지, 전체 탈색을 할 것인지, 산화제의 볼륨을 부분적으로 적용한 탈색을 해야 하는지 등의 범위를 정해야 한다.

《 탈색의 시술

탈색제 조제 후 정해진 범위에 탈색제를 도포한다. 도포 후 5~15분 정도가 가장 활발하게 탈색 작용이 일어나며 차츰 탈색 작용을 멈추게 된다. 30분 이후에는 탈색이 거의 일어나지 않으며 모발의 손상만 있게 된다. 탈색을 한 후 더 밝은 탈색을 원할 때에는 방치 시간을 늘리는 것이 아니라 헹굼을 한 후 다시 탈색을 하는 것이 바람직하다.

탈색 모발은 이후 관리가 중요한데 그 이유는 손상이 된 상태가 일반적이기 때문이다. 탈색 모발에 산성 컬러를 사용하면 손상 정도는 완화되지만 산성 컬러의 오랜 유지가 힘들며, 탈색 이후 염색을 했더라도 손상모 자체의 복구는 쉽지 않은 경우가 일반적이다. 따라서 모발 트리트먼트를 주 1회 이상 해 주는 것이 바람직하며, PPT의 사용을 주기적으로 하는 것이 좋다.

Chapter 6 컬러 체인지

1. 붉은 계열의 검은 모발

« 붉은 계열을 주황색 계열로 하고자 할 때

노란색을 첨가하여 주황 계열로 컬러 체인지한다. 노란색을 첨가해 붉은 기를 얇게 만들어 주황색을 연출한다.

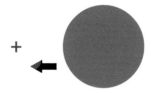

« 붉은 계열을 노란색 계열로 하고자 할 때

붉은 기를 탈색에 의해 제거하여 노란색의 색조로 한 후 노란색을 첨가해 노란색 계열로 컬러 체인지한다. 조금 남아있을 수 있는 붉은 색은 붉은색의 보색인 초록색을 아주 조금 섞은 연두색 정도를 첨가한다.

« 붉은 계열을 녹색 계열로 하고자 할 때

붉은 기를 탈색으로 노란색 색조로 1차 변화 시킨 후 파란색을 사용하여 녹색 계열로 컬러 체인지한다.

Part 2 · 실기편

붉은 계열을 파란 계열로 하고자 할 때

 빨강의 보색인 녹색을 사용하여 붉은 기를 지운 후 파란색의 첨가나 청녹색을 이용하여 파란색 계열로 컬러 체인지한다.

2. 주황 계열의 검은 모발

주황 계열을 붉은 계열로 하고자 할 때

 주황의 보색인 파랑을 첨가해 주황색에 포함되었던 노란색을 없앤 후 빨강색, 적자색을 사용해 붉은 계열로 컬러 체인지한다.

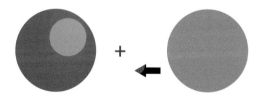

chapter 6 컬러 체인지 ◆ 95

주황색 속의 붉은 기를 탈색에 의해 제거하면 노란색의 색조로 컬러 체인지된다. 주황 계열에 강한 노란색을 사용하여 노란색으로 컬러 체인지하거나 붉은 기가 남아 있을 경우 파란색을 조금 첨가한 노란색으로 컬러 체인지한다.

주황의 보색인 파랑을 녹색에 섞어 청록색의 녹색으로 컬러 체인지한다.

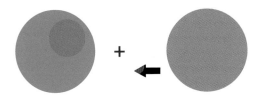

주황 계열의 모발 색을 탈색한 후 노랑의 보색인 파랑을 더해 청자색을 만들어 파랑 계열로 컬러 체인지한다.

3. 노란 계열의 검은 모발

《 노란 계열을 붉은 계열로 하고자 할 때

노란 계열에 붉은 기를 강하게 적용하여 붉은 계열로 컬러 체인지한다. 노랑의 보색인 보라를 섞어 노란 기를 없앤 후 빨간색, 적자색을 이용해 붉은 계열로 컬러 체인지한다.

《 노란 계열을 주황 계열로 하고자 할 때

빨간색의 컬러를 사용하여 주황으로 컬러 체인지한다.

《 노란 계열을 녹색 계열로 하고자 할 때

파란색의 컬러를 사용하여 녹색으로 컬러 체인지한다.

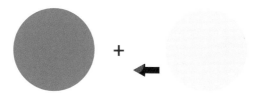

노란기를 없애기 위해 보색인 보라를 첨가한 파란색인 청자색을 사용해 파란 계열로 컬러 체인지한다.

4. 녹색 계열의 검은 모발

《 녹색 계열을 붉은 계열로 하고자 할 때

녹색 기를 없애기 위해 탈색으로 노란색을 만든 후 노란색의 보색인 보라를 빨간색에 섞어(적보라) 노란색을 없앤 붉은 계열로 컬러 체인지한다.

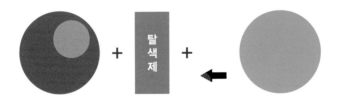

《 녹색 계열을 주황 계열로 하고자 할 때

녹색 기를 없애기 위해 탈색으로 노란색을 만든 후 빨간색을 첨가해 주황 계열로 컬러 체인지한다.

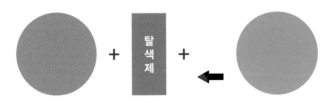

« 녹색 계열을 노란 계열로 하고자 할 때

녹색 기를 없애기 위해 노란색이 될 때까지 탈색한다. 녹색 기가 모발에 남아 있을 경우 녹색의 보색인 빨간색을 첨가해 노란색 계열로 컬러 체인지한다.

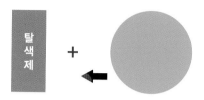

« 녹색 계열을 파란 계열로 하고자 할 때

녹색 기를 없애기 위해 탈색으로 노란색을 만든 후 파란색과 노랑의 보색인 보라를 섞어 노란색을 없앤 파란 계열로 컬러 체인지한다. 녹색의 보색인 빨간색을 첨가한 후 파란색을 할 경우 모발 색이 너무 어두워 질 수 있다.

5. 파란 계열의 검은 모발

« 파란 계열을 붉은 계열로 하고자 할 때

파란색 기를 없애기 위해 탈색을 하여 노란색으로 만든 후 노란색의 보색인 보라색을 빨간색에 섞어 노란색 기를 없앤 붉은 계열로 컬러 체인지한다. 탈색된 노란색에 빨간색이나 적보라색을 사용하여 붉은 계열로 컬러 체인지한다.

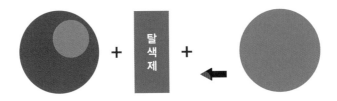

« 파란 계열을 주황 계열로 하고자 할 때

파란색 기를 없애기 위해 탈색을 한 후 빨간색을 첨가하여 주황 계열로 컬러 체인지한다.

« 파란 계열을 노란 계열로 하고자 할 때

파란색 기를 없애기 위해 탈색을 노란색이 될 때까지 한다. 파란색이 남아 있을 때에는 파란색의 보색인 주황색을 섞어 노란색 계열로 컬러 체인지한다.

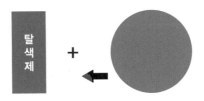

« **파란 계열을 녹색 계열로 하고자 할 때**

파란색 기를 없애기 위해 탈색을 해 노란색으로 만 든 후 파란 색을 섞어 녹색 계열로 컬러 체인지 한다.

명도와 채도가 비슷한 보색의 첨가는 모발의 색을 세련되고 차분한 색조로 하지만, 명도와 채 도가 너무 다른 보색의 혼합은 탁한 색을 만들기 쉽다.

새치머리 및 백발 시술

1. 부분 흰머리 시술

부분 흰머리는 이마 쪽, 두정부(정수리) 쪽, 귀 위쪽 등 다양하다. 1차 도포에 흰머리 분포가 많은 곳부터 도포하고 연이어 전체적으로 등분에 입각한 2차 도포로 마무리한다. 부분 흰머리(새치머리)인 경우는 1차 도포에서 부분 흰머리의 양에 따라 %가 달라지게 되며, 나머지 부분은 마무리 차원에서의 이루어지게 된다.

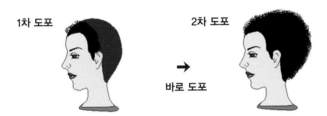

2. 반백발 시술

반백발이란 모발 전체에 고르게 흰머리가 분포되어 있는 것을 말한다. 이런 머리는 등분의 순서에 입각한 도포를 하는 것이 가장 바람직하다. 등분하는 법은 컬러리스트마다 다를 수 있으나 일반적으로 4등분, 5등분, 6등분으로 나누어 순서대로 도포하게 된다. 등분에 따른 순서는 정해진 순서대로 할 수도 있으나 전문적인 컬러리스트는 반백일 때에도 흰머리 분포도가 많은 부분을 파악하여 순서를 정해 도포한다. 그러나 초보 시술자는 아직 미숙할 때이므로 순서를 정해서 하는 것이 좋다.

백모인 경우 전체 염색에서 두상의 열이 많은 곳을 파악해야하는 것과 달리 흰머리가 가장 먼저 보여지는 곳부터 먼저 발라주는 것이 좋다. 즉, 등분에서 앞머리 부분을 먼저 도포하는 것이 바람직하다. 왜냐하면 고객의 입장에서는 먼저 도포된 부분이 가장 잘 된다고 생각하기 때문에 고객 심리적인 차원에서라도 흰머리가 가장 신경 쓰이는 부분부터의 도포가 바람직하다고 할 것이다.

반백일 때에는 두피 쪽 위주의 모발을 1차 도포한 후 다시 빠진 부분이 없도록 전체적으로 꼼꼼한 2차 도포가 되게 한다. 1차 도포 시에 90% 이상의 전체 모발이 염색되게 한 후 2차 도포에서는 10% 정도의 빠진 부분 염색으로 마무리하게 된다. 모발에 전체 도포되는 %는 염색제의 도포량과도 비례하는 부분이다.

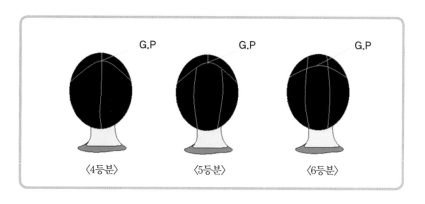

3. 백발 시술

전체 백모일 때에는 앞머리와 전체 보여지는 윗머리를 먼저 1차 도포한 후 연이어 등분에 입각한 2차 도포 후 3차 도포로 꼼꼼하게 마무리한다. 1차 도포는 30% 정도, 2차 도포는 60% 정도, 3차 도포는 나머지 10% 정도를 도포한다.

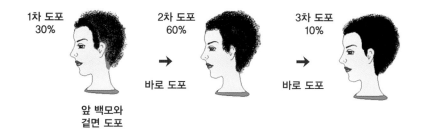

4. 백모의 리터치

백모의 리터치는 검정색 모발의 리터치와 멋내기 색상의 리터치로 나누어 살펴볼 수 있다.

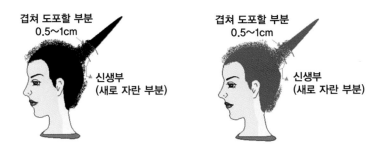

5. 새치머리와 백모

흰머리는 몇 가닥의 새치머리에서부터 완전한 백모까지 다양한 형태를 보인다. 따라서 흰머리에 대해 염색이나 중성 컬러를 이용하여 커버한다.

《 새치머리와 백모

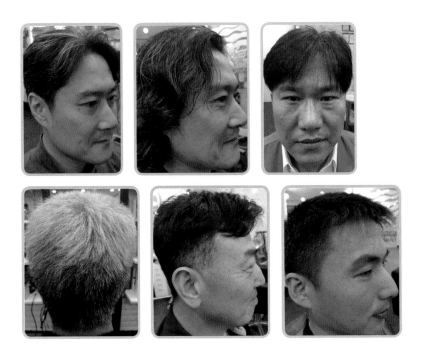

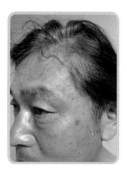

« 새치머리와 백모의 염색

❶ 새치머리 시술

고르게 분포된 흰머리에 5분 검정색 염색제를 두피에 직접 도포하지 않으면서 염색한 경우이다.

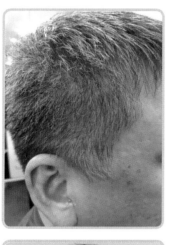
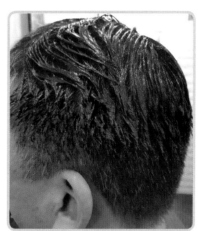
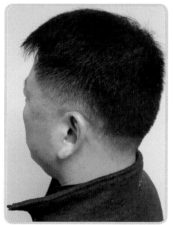
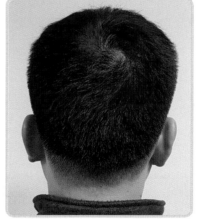

❷ 염색제 도포된 형태

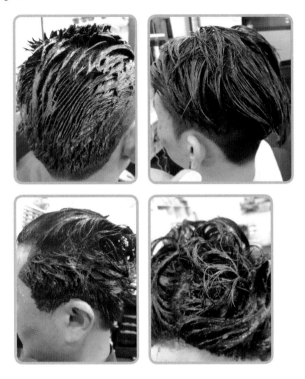

❸ 백모와 새치머리 리터치 염색제 시술

짧은 형태 머리의 리터치 시술로 자라난 백모에 흑갈색 염색제를 도포한 경우이다.

중간 길이의 리터치 시술로 컬러 조제 후 1.5cm 정도 자란 백모를 염색하는 과정이다. 두피에 바로 접근해 도포를 하고 염색을 하지 않는 부분은 PPT로 뿌려준 후 자연 방치나 랩을 씌워둔다.

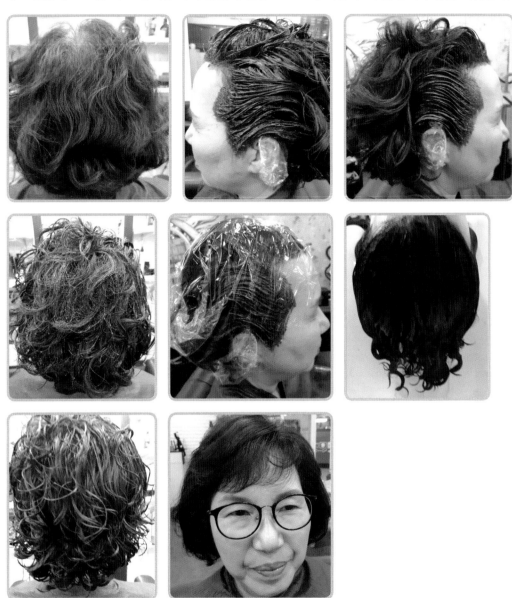

긴머리 리터치 시술의 예이다. 새치머리나 백모는 자라난 부분이 2cm 이상일 때에도 그대로 원터치 기법을 사용하는 것이 일반적이다.

Chapter 8
일반 모 리터치 시술

새로 자란 모발(신생부)을 기존 염색된 모발(기염부)의 색상으로 맞추어야 하는 것과 자란 모발과 기존 모발을 하나의 색으로 바꾸는 경우를 살펴볼 수 있다.

1. 원터치 도포

일정 부분을 등분에 의해 1번씩의 도포로 끝낼 때를 원터치 도포라고 한다.

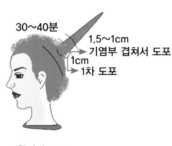

30~40분
1.5~1cm
기염부 겹쳐서 도포
1cm
1차 도포

원터치 도포
신생부가 1cm 범위

2. 투터치 도포

길어진 부분을 등분에 의해 일정 부분 도포 후 다시 남아있는 다른 부분을 도포해야할 때를 투터치 도포라고 한다.

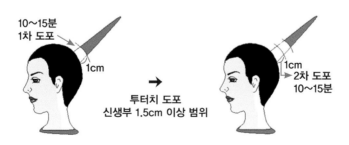

10~15분
1차 도포
1cm
→
투터치 도포
신생부 1.5cm 이상 범위
1cm
2차 도포
10~15분

3. 리터치 시술이 필요한 경우

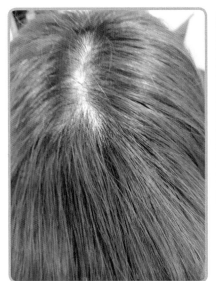 

Chapter 9

헤어컬러의 보색

1. 보색 시술

헤어컬러에서 보색의 시술은 원치 않은 색상으로 표현되었을 때 가지고 있는 색상을 지워야 할 경우에 사용된다. 머리카락에 감도는 색이 붉은 색이면 붉은 색의 보색인 녹색으로 염색을 할 때 붉은 색이 중화되어 갈색이 된다. 노란 색의 보색은 보라색, 주황색의 보색은 파란색이다. 보색을 머리에 도포하였을 때 갈색의 머리색을 얻게 된다. 이때 주의해야 할 것은 사용된 염모제의 종류가 같아야 한다는 것이다. 제품의 종류가 같아야 보색의 색상이 제대로 표현된다. 또한 보색 중화는 같은 명도와 같은 채도의 염색제 사용이 있어야 한다. 예를 들어, 명도 7인 노란색의 보색으로 작용할 색상은 명도 7의 보라색이라는 것이다. 채도도 같은 채도로 해야 정확한 보색 중화에 의한 갈색 머리를 얻을 수 있다. 산화염모제 사용에 의한 보색은 산화염모제로 해야 보색의 중화가 된다.

2. 반영구 염모제(산성염모제)의 보색 염색

산성염모제를 이용한 모발색의 중화는 산성염모제의 보색 관계로 모발 색을 중화시킬 수 있다. 보색 관계에서 가장 중요한 것은 산성염모제의 정확한 양의 비율이다.

❶ 탈색 모에 3색(빨강, 노랑, 파랑) 도포
산성 컬러 색상 중 원색인 빨강, 노랑, 파랑을 도포한다.

산성 컬러

❷ 3색에 보색(녹색, 보라, 주황) 도포

빨간색의 보색인 녹색, 노란색의 보색인 보라색, 파란색의 보색인 주황색을 각각의 색 위에 도포한다.

산성 컬러 보색

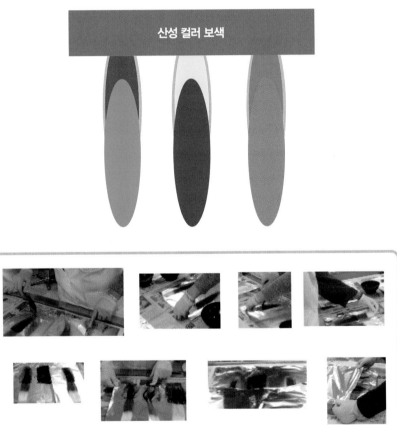

❸ 보색 적용 결과

　빨간색의 보색인 녹색, 노란색의 보색인 보라색, 파란색의 보색인 주황색을 각각의 색 위에 도포한 결과 무채색에 가까운 갈색의 모발 색을 얻을 수 있다. 이때 도포 색이나 도포 양의 정도에 따라 조금씩 색상 차이는 있을 수 있다.

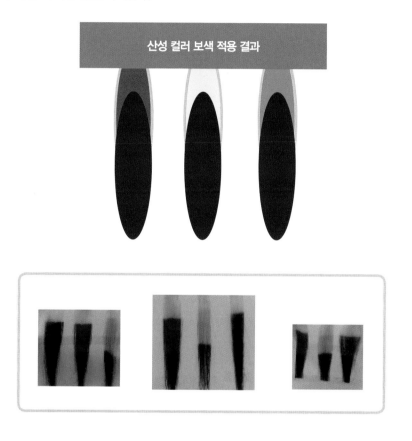

산성 컬러 보색 적용 결과

Chapter 1

디자인 컬러

1. 브리치 위빙 컬러(하이라이트, 호일워크)

위빙 컬러는 브리치를 이용해 모발 사이사이를 밝게 표현시켜 자연스러운 멋을 내게 된다. 브리치를 하는 양에 따라, 모발의 위치에 따라, 또는 브리치 분포도에 따라 다양하게 표현될 수 있다. 시술 방법은 브리치할 모발을 호일에 올린 후 브리치제를 바르고 호일로 감싼 다음 열이나 자연 방치를 한다. 전체 모발을 할 경우 핀셋 고정과 섹션의 폭을 일정하게 하며, 호일을 넓게 펼친 후 꼬리빗에 의해 모발을 떠올려 여러 가닥을 하거나, 하나하나를 호일로 감싸며 하는 방법이 있다.

2. 이너 컬러

이너 컬러는 구획을 지어 모발의 윗부분은 남기고 아랫 부분의 모발만 염색하는 방법이다. 모발이 층이 났을 경우에는 좀 더 많이 드러나지만 층이 없을 경우에는 모발이 흩날릴 때에만 살짝 나타나게 된다. 시술 방법은 두상을 등분으로 1/2 이하의 범위를 정해 두상의 아랫부분 모발이나 부분 모발을 색다른 컬러로 입힌다.

3. 그라데이션 컬러

그라데이션 컬러는 모발을 점차적으로 밝거나 어둡게 표현하는 방법이다. 시술 방법은 전체 모발을 위에서 아랫 부분으로 갈수록 짙은 색에서 옅은 색으로 그라데이션 시키는 방법과, 일부 모발을 그라데이션 시키는 방법이 있다.

4. 복합 컬러(작품 컬러 - 이너 컬러와 그라데이션, 하이라이트와 그라데이션 등)

다양한 방법을 응용하는 것으로 얼굴형이나 개성에 맞추어 블록으로 나눈 후 컬러를 적용하는 방법이다.

5. 톤 다운과 톤 업

현재 가지고 있는 모발의 색상에서 톤을 다운시키거나 톤을 업 시키는 방법이다. 시술 방법은 기존의 모발 색을 어둡게 하거나 밝게 한다. 어둡게 할 경우는 기존 모발 색보다 어두운 색을 사용하여 톤을 다운시키며, 기존 모발 색보다 밝은 색을 사용하여 톤을 높이기도 한다.

다양한 염색 사진

1. 가발 편

« **탈색모의 염색**

탈색된 모에 염색제와 산성 컬러를 이용해 표현된 형태이다.

« **염색해 보기(파란색, 주황색, 빨간색, 노란색, 녹색)**

❶ 백모의 염색

❷ 흑모의 염색

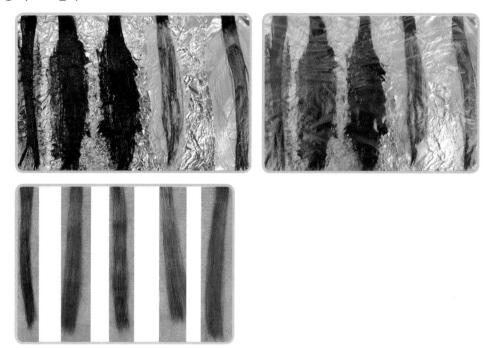

❸ 백모와 흑모의 염색 비교(파란색, 주황색, 빨간색, 노란색, 녹색)

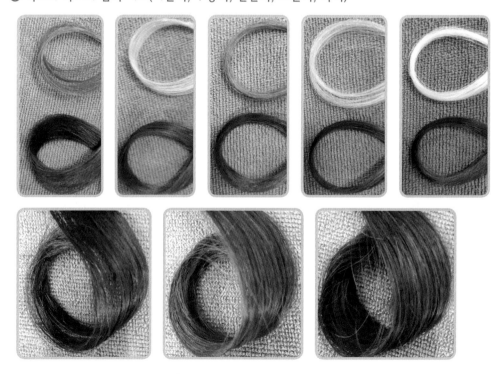

2. 실제 편

« 염색된 머리

❶ 자유로운 컬러

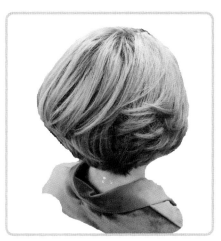
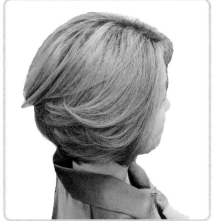

❷ 컬러 전 후

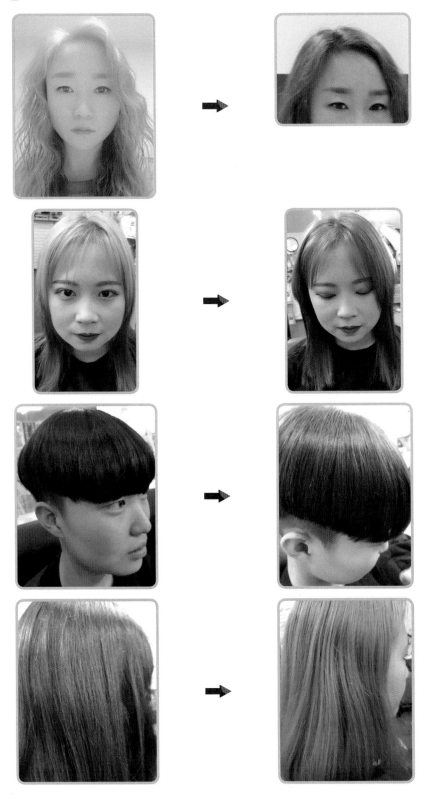

❸ 산성 컬러 파마

산성 컬러를 이용해 새치머리 및 흰머리에 퍼머를 하면 색이 입혀져 전체적으로 염색의 효과를 약간은 기대할 수 있다. 산성 컬러를 퍼머와 같이 할 경우 모발의 굵기를 굵게 하거나 모발의 색을 조금 변화시키고자 할 때 주로 사용한다.

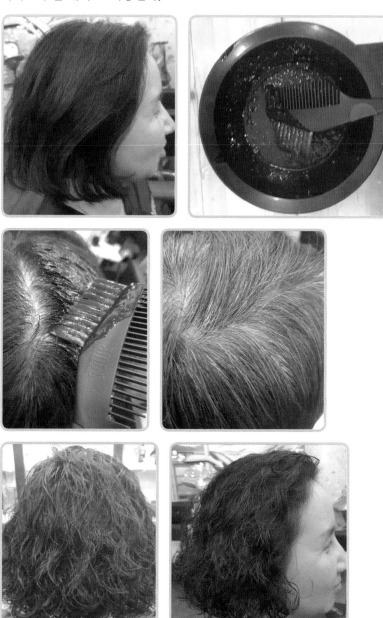

Chapter 3

탈색하기, 염색하기

1. 탈색하기

« 전체 탈색

탈색제 조제 후 탈색제를 모발에 고르게 도포한다. 두피에서 0.5~1cm 정도 띄운 상태에서 전체를 등분에 의해 도포하고 세로 섹션으로 체크한다. 두피 쪽에 띄워두었던 모발은 두피에 탈색제가 닿지 않도록 하기 위해 각도를 90도 이상으로 들어서 도포해준다. 탈색 정도를 살펴 방치 후 모발을 감겨준다. 1차 탈색, 2차 탈색, 3차 탈색의 정도에 따라 색상이 달라진다. 두피 쪽 모발의 탈색은 1차에서 마무리되며, 2차 3차시에는 두피 쪽에서 떨어뜨려 시술하는 것이 바람직하다.

« 부분 탈색

❶ 세로 형태

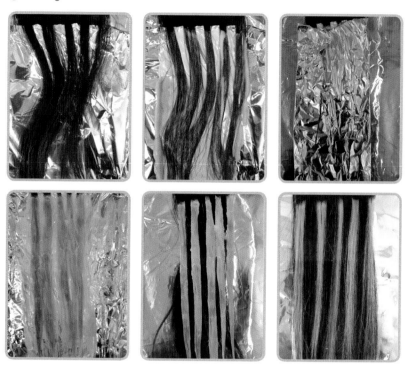

❷ 가로 형태

❶ 부분 탈색 후 산성 컬러 사용

1차 탈색을 전체 모발의 끝부분에 한 후 2차 탈색은 모발 중간부터 끝까지 한다. 산성 컬러제로 붉은색과 적보라색을 섞어 탈색된 부분에 도포한다.

❷ 부분 탈색 후 염색제 사용

자라나온 모발에 리터치 탈색을 한 후 회색 염색제를 전체적으로 사용한다. 탈색이 강하게 된 부분은 회색빛이 강하게 표현된다.

❸ 탈색머리의 리터치

2. 염색 시술의 실제

★ 모질 파악과 염색 범위, 색상 선택

• 모질 파악 : 약간의 지성모에 염색된 부분은 손상이 거의 없는 모발 상태이다.
• 염색 범위 : 전체
• 색상 선택 : 기존 염색된 모간부보다 1톤 정도 밝게 표현한다.

★ 시술 설명

• 15cm 정도 자란 모발에 밝은 컬러로 염색을 해야 할 경우 리터치 중 투터치 기법을 활용해야 한다.

《 시술 전 모발

[시술 준비]

❶ **가장 표면적인 부분의 염색**

두피에서 1~1.5cm 정도를 띄운 상태로 염색이 되지 않은 부분의 표면에 조제된 염모제를 도포한다.

❷ **표면에서 안쪽으로 염모제 도포**

Side – Back – Back side 순으로 두피에서 1~1.5cm 정도를 띄운 상태로 표면에서 안쪽으로 내려가며 염모제를 도포한다.

❸ 두피 쪽 염모제 도포

두피 쪽 남겨 두었던 부분의 모발에 염모제를 도포한다. 네이프에서 위쪽과 얼굴의 앞쪽으로 진행하면서 도포하고 페이스라인 쪽에서 마무리 짓는다.

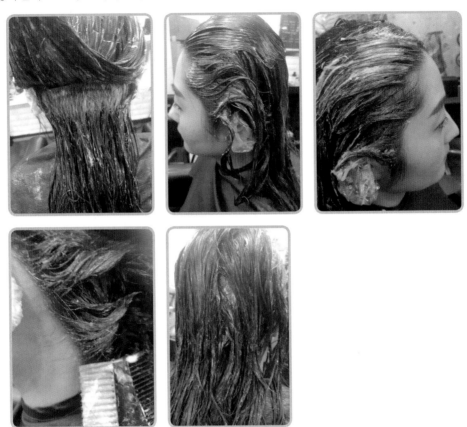

❹ 샴푸하기

긴 모발이나 모발이 많을 때에는 샴푸를 좀 더 꼼꼼하게 해야 한다. 긴 모발은 두피 및 모발 자체를 좀 더 많이 헹구어 주어야 하며, 모발의 양이 많을 때에는 두피에 염모제가 남아 있을 수 있으므로 손놀림이 섬세한 샴푸가 되게 하여야 한다.

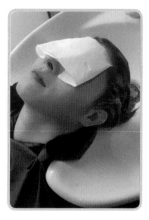

❺ 마무리 손질된 상태

긴 모발을 말린 후 매직기에 의해 손질된 상태이다.

PART
4
실무편

Chapter 1

탈색하기

1. 1(염모제) : 0.5(6% 산화제) 탈색

주제	탈색하기	탈색제 : 산화제 (1 : 0.5)	비고
결과물			
			시술 시 주의점 :
결과물에 대한 스스로의 평가			

주제	탈색하기	탈색제 : 산화제 (1 : 1)	비고
결과물			
결과물에 대한 스스로의 평가		시술 시 주의점:	

주제	탈색하기	탈색제 : 산화제 (1 : 2)	비고
결과물			
		시술 시 주의점 :	
결과물에 대한 스스로의 평가			

1(염모제) : 0.5 탈색 (6%산화제)	1(염모제) : 1 탈색 (6%산화제)	1(염모제) : 2탈색 (6%산화제)	비고

		시술 시 주의점 :
결과에 따른 상태 비교		

《 개별적 가닥 탈색

주제	부분 탈색(개별적 가닥 탈색)	탈색제 : 산화제 (1 : 1)	비고
결과물			
결과물에 대한 스스로의 평가		시술 시 주의점 :	

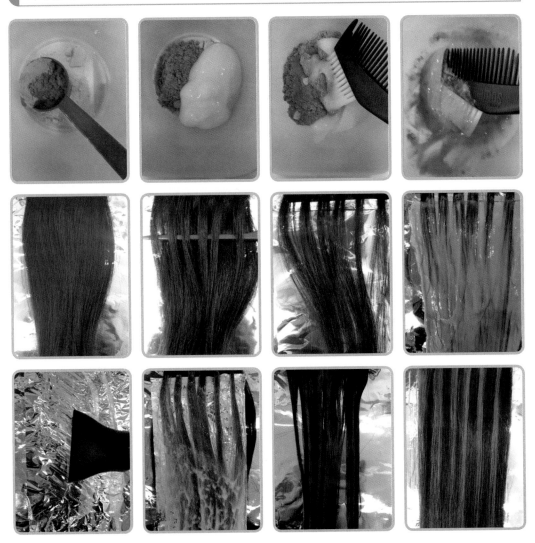

주제	부분 탈색(가닥 탈색)	탈색제 : 산화제 (1 : 1)	비고
결과물			
결과물에 대한 스스로의 평가		시술 시 주의점 :	

따라하기

주제	전체 탈색	탈색제 : 산화제 (1 : 1)	비고
결과물			
결과물에 대한 스스로의 평가			시술 시 주의점 :

Chapter

2

2차색 표현하기

1. 주황색 만들기: 노란색과 빨간색(2:1)

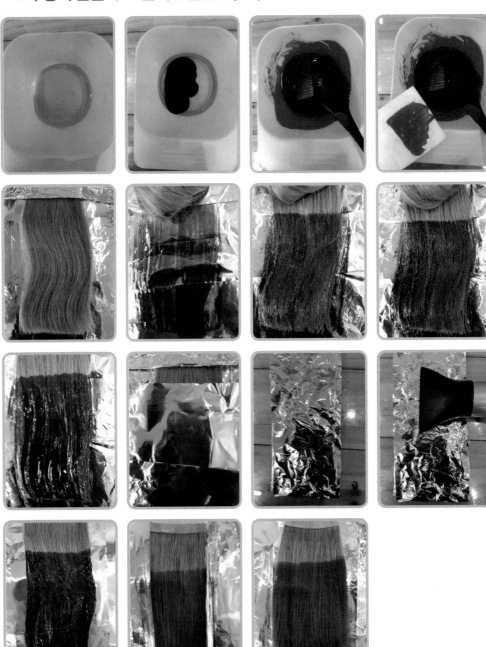

주제	주황색 만들기	노란색 : 빨간색 (2 : 1)	비고
결과물			
결과물에 대한 스스로의 평가			시술 시 주의점 :

2. 녹색 만들기: 노란색과 파란색(3:2)

주제	녹색 만들기	노란색 : 파란색 (3 : 2)	비고
결과물			
결과물에 대한 스스로의 평가			시술 시 주의점 :

주제	보라색 만들기	빨간색 : 파란색 (1 : 1)	비고
결과물			
결과물에 대한 스스로의 평가			시술 시 주의점:

Chapter 3

컬러의 보색

1. 녹색과 빨간색

주제	보색에 따른 무채색 표현	녹색 : 빨간색 (1 : 1)	비고
결과물			
결과물에 대한 스스로의 평가			시술 시 주의점:

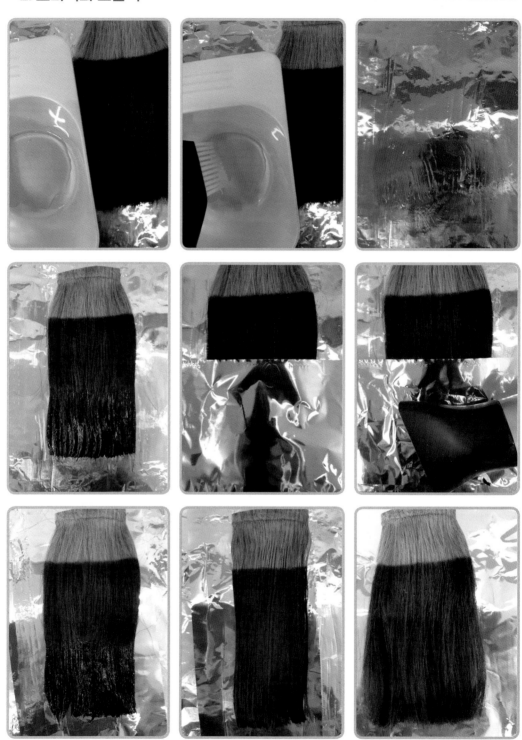

주제	보색에 따른 무채색 표현	보라색 : 노란색 (1 : 1)	비고
결과물			
			시술 시 주의점 :
결과물에 대한 스스로의 평가			

주제	보색에 따른 무채색 표현	주황색 : 파란색 (1 : 1)	비고
결과물			
결과물에 대한 스스로의 평가		시술 시 주의점 :	

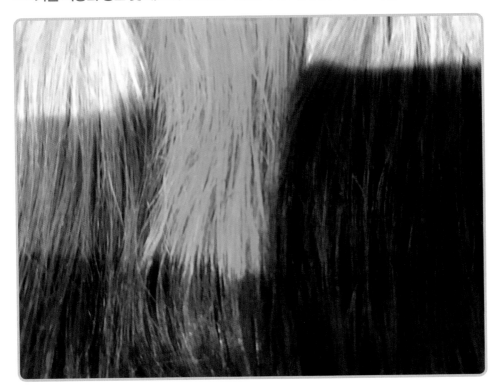

주황색에 파란색의 대입	녹색에 빨간색의 대입	보라색에 노란색의 대입	비고

시술 시 주의점:

결과에 따른
상태 비교

호일워크

1. 가닥 호일워크

» 후두부

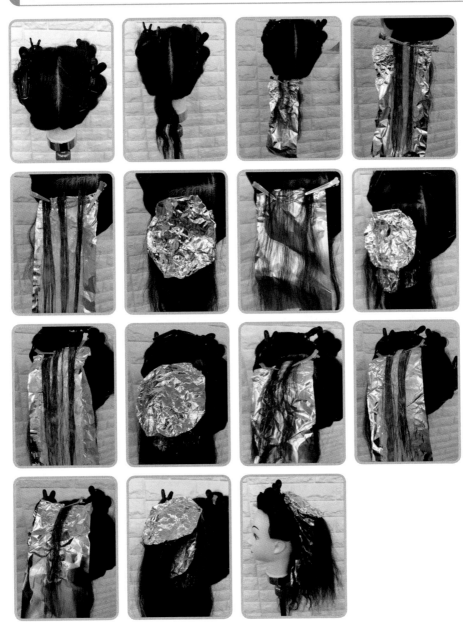

« 측두부

주제	가닥 호일워크	비고
결과물		시술 시 주의점 :
결과물에 대한 스스로의 평가		

2. 전체 탈색 호일워크

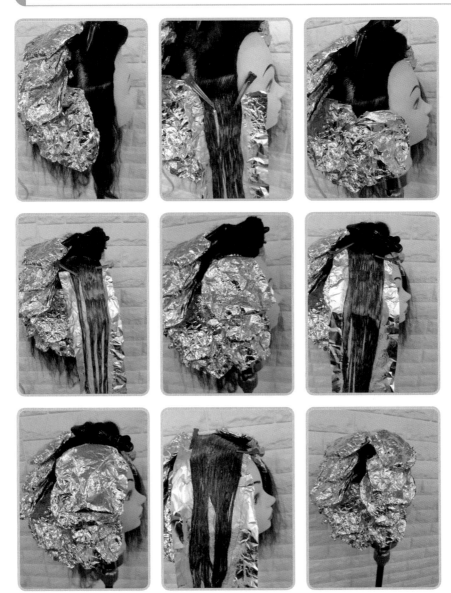

주제	전체 호일워크	비고
결과물		
		시술 시 주의점 :
결과물에 대한 스스로의 평가		

Chapter 5

탈색모에 색상 대입하기

1. 1차적 디자인

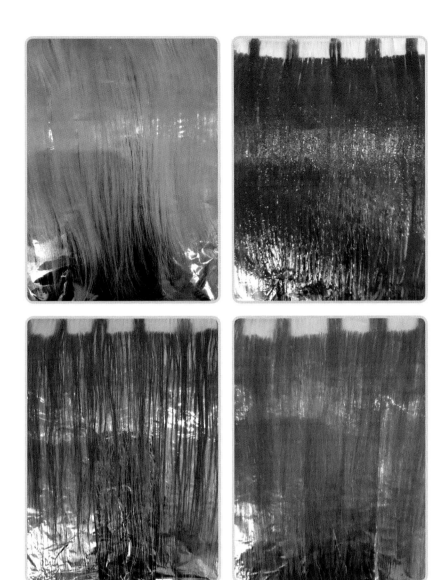

주제	1차적 디자인	1차 작업	비고
결과물			
결과물에 대한 스스로의 평가			시술 시 주의점:

2. 2차적 디자인

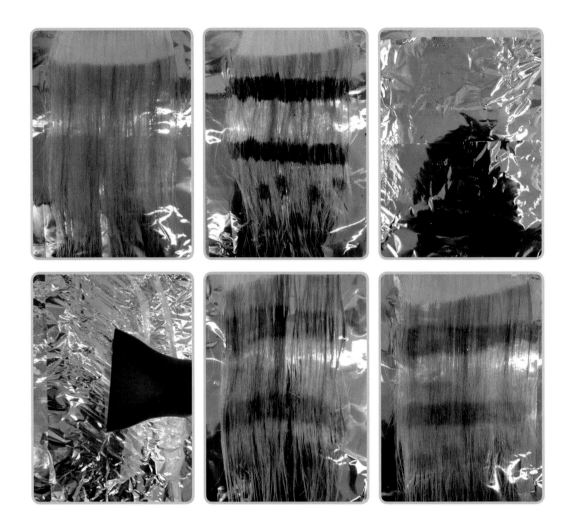

주제	2차적 디자인	2차 작업	비고
결과물			
			시술 시 주의점 :
결과물에 대한 스스로의 평가			

주제	그라데이션 디자인	그라데이션 작업	비고
결과물			
결과물에 대한 스스로의 평가			시술 시 주의 점:

에밀리 실크 터치 컬러링 크림 (Silk touch coloring cream)		
Natural 백모새치커버	1/0 블랙	파라페닐렌디아민, 레조시놀, M-아미노페놀, O-아미노페놀
	3/0 흑갈색	파라페닐렌디아민, 레조시놀, M-아미노페놀, P-아미노페놀, m-페닐렌디아민
	4/0 진한갈색	파라페닐렌디아민, 레조시놀, M-아미노페놀, P-아미노페놀
	5/0 자연갈색	파라페닐렌디아민, 레조시놀, M-아미노페놀, P-아미노페놀
	5/2 카키브라운	파라페닐렌디아민, 레조시놀, P-아미노페놀
	5/4 적갈색	파라페닐렌디아민, 레조시놀, P-아미노페놀, P-아미노-O-크레졸
Natural 멋내기	6/0 약간밝은갈색	파라페닐렌디아민, 레조시놀, P-아미노페놀, P-아미노-O-크레졸
	7/0 밝은갈색	파라페닐렌디아민, 레조시놀, M-아미노페놀, P-아미노페놀, P-아미노-O-크레졸
	7/34 밝은오렌지	P-아미노페놀, P-아미노-O-크레졸, 2-아미노-5-니트로페놀
New 멋내기 새치커버	6/3 자연황갈색	황산톨루엔2,5-디아민, 레조시놀, P-아미노페놀, P-아미노-O-크레졸
	7/03 밝은황갈색	황산톨루엔2,5-디아민, 레조시놀, P-아미노페놀, P-아미노-O-크레졸
	8/03 매우밝은황갈색	황산톨루엔2,5-디아민, 레조시놀, P-아미노페놀, P-아미노-O-크레졸, M-아미노페놀
Fashion	9/0 아주밝은황갈색	
	9/34 매우밝은오렌지	
	9R 매우밝은적색금발	p-페닐렌디아민, 황산톨루엔-2,5-디아민, 레조시놀, p-아미노페놀, p-아미노-o-크레솔
	10/3 아주아주밝은황갈색	4-니트로-O-페닐렌디아민
	10/7 황금색	파라페닐렌디아민, 레조시놀, P-아미노-O-크레졸
	12/0 하이라이트	파라페닐렌디아민, 레조시놀

인더스 루비 헤어컬러
(Indus ruby hair color)

BB1	흑청색	CR4	중간밤색
B1	흑색	CR7	구리빛금색
B3	알밤색	CR9	연구리빛금색
B4	밤색	V4	보라빛갈색
B5	밝은밤색	V13	금빛띤가장밝은보라색
B6	자연갈색	RR4	포도주빛적색
B8	밝은황갈색	RR7	선명한적색
B10	부드러운갈색	R10	밝은적색
13	매우밝은연황금색	R13	적빛띤가장밝은금색
G7	황금색	M13	적갈색빛가장밝은금색
G9	아주연한황금색	CO7	체리오렌지색
G11	하이라이팅금색	MO8	레드오렌지색
G13	금빛띤가장밝은금색	MO10	밝은레드오렌지색
BN5	갈색	YO8	황금빛오렌지색
BN6	연갈색	YO10	밝은황금빛오렌지색
BN7	황갈색	CO13	오렌지빛가장밝은금색
BN8	연황갈색	S8	연회색빛금색
BG5	금빛갈색	S10	매우밝은연회금색
BG6	자연금빛갈색	S13	가장밝은연회색
BG7	약간밝은금빛갈색	KB	카키빛갈색
BG8	밝은금빛갈색	K11	밝은카키빛갈색
BO5	적구리갈색	K13	녹빛띤가장밝은금색
BO6	구리갈색	MIX R	빨간색
BO7	밝은구리갈색	MIX Y	노란색
BO8	매우밝은구리갈색	MIX B	파란색
BR5	적갈색	MIX G	녹색
BR6	자연적갈색	MIX A	회색
BR7	약간밝은적갈색		
BR8	밝은적갈색		
BM5	녹갈색		
BM6	자연녹갈색		
BM7	약간밝은녹갈색		
BM8	밝은녹갈색		
S4.0	어두운갈색-새치커버		
S5.0	갈색-새치커버		
S6.0	밝은갈색-새치커버		
S7.0	매우밝은갈색-새치커버		

2-메틸-5-히드록시에틸아미노페놀, M-아미노페놀, P-페닐렌디아미, 프로필렌글리콜디 함유되어 있는 제품은 알레르기 발생 가능성이 있으므로 사용상 주의사항에 따라 염색 전 패치 테스트를 실시하고 사용하시기 바람.

이브셀 헤어 칼라 프로세셔널 (Evesel hair color professional)			
SN1	블랙	9CR	구리빛매우밝은황갈색
SN3	다크브라운	10CR	구리빛아주밝은황갈색
SN5	라이트브라운	12CR	구리빛아주연한밝은황갈색
1.1NB	흑청색	5NM	자연스러운자주빛밝은갈색
1N	흑색	5NR	자연스러운적빛밝은갈색
3N	어두운갈색	5V	보라빛밝은갈색
4N	갈색	6V	보라빛어두운황갈색
5N	밝은갈색	12VA	보라재빛아주연한밝은황갈색
9N	매우밝은황갈색	8M	자주빛밝은황갈색
5NG	자연스러운금색빛밝은갈색	9MC	자주구리빛매우밝은황갈색
6NG	자연스러운금빛어두운황갈색	LP	백금색
7NG	자연스러운금빛황갈색	LY	황색
8NG	자연스러운금빛밝은황갈색	YG	연두색
6G	황금빛어두운황갈색	MK	카키색
8G	황금빛밝은황갈색	SB	청색
10G	황금빛아주밝은황갈색	TS	은색
11G	황금빛가장밝은황갈색	AG	회색
12G	황금빛아주연한밝은황갈색	BP	청보라색
11NA	자연스러운잿빛가장박은황갈색	GP	포도주색
11NT	자연스러운카키빛의 가장밝은황갈색	RR	적색
7T	카키빛황갈색	JO	오렌지색
12T	카키빛아주연한밝은황갈색	3NB	자연스러운어두운갈색
10A	잿빛아주밝은황갈색	5NB	자연스러운갈색
12A	잿빛아주연한밝은황갈색	7NB	자연스러운밝은황갈색
00	베이지	9NB	자연스러운매우밝은황갈색
12/00	베이지빛아주연한밝은황갈색	6GB	황금빛황갈색
14/00	베이지빛가장연한밝은황갈색	8GB	황금빛밝은황갈색
7RV	적보라빛황갈색	6CB	구리빛황갈색
8R	적빛밝은황갈색	8CB	구리빛밝은황갈색
9R	적빛매우밝은황갈색	6MB	자주빛황갈색
10RC	적구리빛아주밝은황갈색	8MB	자주빛밝은황갈색
12R	적빛아주연한밝은황갈색	6RB	적빛황갈색
12RM	적자주빛아주연한밝은황갈색	8RB	적빛밝은황갈색

엡솔루트 (A-solute)		
새치커버용 칼라	01N	흑색
	03N	흑갈색
	04N	진한갈색
	05N	자연갈색
	5NY	밤색을띠는황갈색
새치커버용 멋내기 칼라	5G	밝은밤색
	6.03	자연스런진한황갈색
	6.05	자연적갈색
	8.03	밝은황갈색
	8.05	구리빛밝은적갈색
Fashion color	7NB	밝은갈색
	9NB	밝은금갈색
	7G	자연황갈색
	8G	황금빛 금색
	10GB	황금색
	12NB	매우밝은갈색
	13N	하이라이팅골든블런드
Trend color	6OR	오렌지색
	8OR	밝은오렌지
	9CB	구리빛밝은갈색
	5RN	어두운적갈색
	7V	보라빛황갈색
Trend hit color	10K	카키빛브라운
	10CR	오렌지
	10R	레드
	10RW	레드와인
Blue	1BB	블루블랙
Ash	10CN	밝은은회색

피지오 헤어 칼라 (silk touch coloring cream)		
Natural	1N	흑색
	3N	어두운갈색
	4N	갈색
	5N	밝은갈색
	6N	어두운황갈색
	7N	황갈색
	10N	매우밝은황갈색
Gold	6G	금빛어두운황갈색
	8G	금빛밝은황갈색
	10G	금빛매우밝은황갈색
Highlight	00	가장밝은황갈색
Chastnet	5C	밤빛밝은갈색
	6C	밤빛어두운황갈색
	7C	밤빛황갈색
	8C	밤빛밝은황갈색
	9C	밤빛아주밝은황갈색
Natural Gold	5NG	자연황금빛밝은갈색
	8NG	자연황금빛밝은황갈색
Ash	8A	회색빛밝은황갈색
	10A	회색빛매우밝은황갈색
Red	7R	적빛황갈색
	10R	적빛매우밝은황갈색
Matt	8M	카키빛밝은황갈색
	10M	카키빛매우밝은황갈색
Collaboration	6NK	구리자연빛어두운황갈색
	7RO	오렌지적빛황갈색
	8RK	구리적빛밝은황갈색
	9RK	금적빛아주밝은황갈색
	10RO	오렌지적빛매우밝은황갈색

청아녹차 케리스틴 아티스트 칼라크림 (Kerastin artist color cream)		
새치커버	1N	흑색
	3N	흑갈색
	4N	진한갈색
	5N	자연갈색
	5.3	골드빛갈색
멋내기 새치	5.43	초콜렛브라운
	5.45	자연적갈색
	6.03	황금빛갈색
	7.3	골드빛밝은갈색
	7.04	구리빛밝은갈색
	8.03	골드빛밝은황갈색
	8.04	구리빛밝은황갈색
멋내기	6.66	진한적빛어두운황갈색
	7.6	자연스러운레드
	7.34	오렌지골드빛갈색
	7.45	구리빛마호가니밝은금발색
	8N	밝은갈색
	9.3	골드빛매우밝은갈색
	10N	매우밝은갈색
	11.3	가장밝은금발색
	13.0	슈퍼밝은황갈색
	10CR	오렌지
	10R	레드
	10RW	레드와인
	9.12	카키브라운
	10.1	잿빛밝은갈색
	9.4	매우밝은오렌지빛갈색
	11.4	가장밝은오렌지빛갈색
	11.5	가장밝은부드러운레드
	10.6	가장밝은핑크빛갈색

아모스 헤어컬러 (Amos hair color)			
1.0	흑색	1.0	흑색
3.0	어두운갈색	3.0	밤색
5.0	밝은갈색	5.0	흑갈색
4.34	오렌지골드빛갈색	5.6	자주빛흑갈색
5.3	밝은골드빛갈색	6.46	자주구리빛어두운갈색
8.3	밝은골드빛황갈색	7.0	갈색
5.43	밝은골드구리빛갈색	7.23	황녹빛갈색
8.46	밝은자주구리빛황갈색	7.36	자주황빛갈색
5.00	진한흑갈색	7.41	잿구리빛 갈색
5.03	진한황빛흑갈색	7.56	자주적빛갈색
5.04	진한구리빛흑갈색	8.7	보라빛밝은갈색
6.03	진한황빛어두운갈색	9.18	청보라잿빛어두운황갈색
6.04	진한구리빛어두운갈색	9.3	황빛어두운황갈색
6.05	진한적빛어두운갈색	9.41	잿구리빛어두운황갈색
7.00	진한갈색	9.46	자주구리빛어두운황갈색
7.03	진한황빛갈색	10.0	황갈색
7.04	진한구리빛갈색	10.2	녹빛황갈색
8.00	진한밝은갈색	10.4	구리빛황갈색
8.03	진한황빛밝은갈색	11.1	잿빛밝은황갈색
8.04	진한구리빛밝은갈색	11.3	황빛밝은황갈색
8.05	진한적빛밝은갈색	12.13	황잿빛금색
8.47	보라구리빛밝은갈색	12.3	황빛금색
7.57	보라적빛갈색	12.4	구리빛금색
2.11	강한잿빛어두운밤색	13.0	밝은금색
7.17	보라잿빛갈색	13.41	잿구리빛밝은금색
7.51	잭적빛갈색		
8.11	강한잿빛밝은갈색		
8.21	잿녹빛밝은갈색		
8.22	강한녹빛밝은갈색		
8.55	강한적빛밝은갈색		
9.76	자주보랏빛어두운황갈색		
11.21	잿녹빛밝은황갈색		
11.34	황구리빛밝은황갈색		
11.46	자주구리빛밝은황갈색		
12.56	자주적빛금색		
13.33	강한황빛밝은금색		

*참고 자료

- 더헤어컬러링, 예림, 2014, 박진현, 김민

- 헤어 컬러링의 이해, 훈민사, 2011, 정희영

- 헤어컬러디자인, 훈민사, 2005, 고경숙외 윤복연, 박용

- 헤어컬러디자인, 구민사, 2019, 임대진

- 헤어컬러링, 메디시언, 2015, 양은진외 9명

- 헤어컬러링, 광문각, 2018, 맹유진

- 베이직 헤어 컬러링, 메디시언, 2018, 박은준외 8명

- 더드밴스 헤어 컬러링, 메디시언, 2018, 박은준외 10명

- 헤어 컬러링, 구민사, 2017, 김주섭

- 기초헤어컬러링, 한국의 맥, 2016, 이점숙외 4명

- 헤어 컬러링 교육방법론, 청구문화사, 2016, 곽진만외 6명

- 헤어 컬러링, 훈민사, 2011, 이영미, 장문주, 연정아

- 헤어컬러테크닉, 2007, 청구문화사, 김계순

- 헤어컬러링, 메디시안, 2013, 양은진외 5명

- NCS기반 헤어컬러링, 훈민사, 2016, 고경숙외 3명

- 베이직 헤어 컬러프로, 구민사, 2019, 이재숙외 4명

- CCC헤어컬러디자인, 청구문화사, 2011, 김영미외 4명

- 스페셜 헤어 컬러리스트, 청구문화사, 2014, 곽진만외 11명

- 미용색채기초실습, 구민사, 2015, 안나현

- 미용색채학, 훈민사, 2005, 윤복연외

- 미용문화와 퍼스널컬러, 이담북스, 2012, 김희숙

- 서울전문학교 학생 작품사진들